基礎 光エレクトロニクス

藤本 晶 著

森北出版株式会社

● 本書のサポート情報を当社Webサイトに掲載する場合があります．下記のURLにアクセスし，サポートの案内をご覧ください．

https://www.morikita.co.jp/support/

● 本書の内容に関するご質問は，森北出版 出版部「(書名を明記)」係宛に書面にて，もしくは下記のe-mailアドレスまでお願いします．なお，電話でのご質問には応じかねますので，あらかじめご了承ください．

editor@morikita.co.jp

● 本書により得られた情報の使用から生じるいかなる損害についても，当社および本書の著者は責任を負わないものとします．

■ 本書に記載している製品名，商標および登録商標は，各権利者に帰属します．

■ 本書を無断で複写複製（電子化を含む）することは，著作権法上での例外を除き，禁じられています．複写される場合は，そのつど事前に（一社）出版者著作権管理機構（電話03-5244-5088，FAX03-5244-5089，e-mail：info@jcopy.or.jp）の許諾を得てください．また本書を代行業者等の第三者に依頼してスキャンやデジタル化することは，たとえ個人や家庭内での利用であっても一切認められておりません．

まえがき

　「光エレクトロニクス」の授業を受けもって10年余りになる．前職で半導体レーザの開発を行っていたことと，現職に転職後に電磁気学の授業をもっていたこともあって快く引き受けたのだが，いざ学生に買ってもらうテキストを探すと，ボリュームが適当で内容のバランスが良いテキストがないことに気がついた．

　光の基礎理論を詳しく説明したもの，導波路や光ファイバの理論を，数式を駆使して解説した専門書，光分光法を詳しく解説した専門書，半導体レーザの理論について詳述した書籍など，特定の分野に詳しい書籍は数多く見受けられるが，大学初年度や高等専門学校の学生が容易に理解できるレベルで，卒業後実社会で必要とされる事柄を意識しつつ，多くの事柄を満遍なく網羅したテキストがほとんどなかったのである．

　著者は高等専門学校卒業後，電機メーカーで半導体発光素子の開発を長年行ってきた．当時のカリキュラムには光エレクトロニクス関係の講義はなく，ほぼ独学で半導体レーザの開発に必要な光エレクトロニクスの知識を学んできた．そのため，光エレクトロニクスの基礎の部分では，講義を受けもってから改めて勉強し直した部分も多々あるのが実情である．

　しかし独学で学んだからこそ，また，人から教わってこなかったからこそ，学習の困難さや，大事なところを理解するために必要な事柄は，身をもって学んできたつもりである．苦労したからこそ，独学で学んだからこそ，これから独学で学ぼうとしている人や，光エレクトロニクスの授業で苦労している学生の気持ちがわかっているものと自負している．

　そこで，私の乏しい知識と企業での経験，それに授業経験を加味して，大学初年度や高等専門学校の学生が容易に理解でき，自学自習も可能なテキストを書いてみようと考えた．テキストの内容では，基礎理論や，半導体レーザの進展に伴って使用機会が減少しているガスレーザなどの記述は必要最小限に絞り，今後ますます使う機会が増えると思われる光半導体素子や光ファイバ，そして応用機器などについて重点的に記述した．

　これまで日本は，半導体レーザや光ファイバの開発において常にフロントランナーとして世界を引っ張ってきていた．最近でも，青色発光ダイオードの実用化に代表されるように，いまでもわが国の技術力，ものづくり力は世界のトップに位置している．このポジションを維持し，わが国が常にトップで居続けるには，的確な目標とスピー

ド感あふれる研究開発が欠かせない．本書を読んで光エレクトロニクスに興味をもった学生が，これからの日本のものづくりを支える技術者に育ってくれれば，著者として嬉しいかぎりである．

　なお，この本の記述は著者の講義ノートを中心にまとめたが，この本の執筆以前に使っていた教科書から少なからず影響を受けたものになっている．これまでに講義で使わせていただいた書籍を参考文献として巻末に列記している．これらの著者の方々に紙面を借りてお礼申し上げたい．著者の浅学非才，また独学ゆえに起因する記述の誤りや間違った理解，そして勉強不足による舌足らずの記述もあるかもしれないが，その点は読者からご指摘いただければ幸いだと感じている．この本が大学や高等専門学校で学ぶ学生にとって，光エレクトロニクスの門をたたく入門書になればと願っている．

　最後に，拙書を丁寧に査読・修正いただいた，森北出版の藤原祐介氏および和歌山工業高等専門学校電気情報工学科准教授の直井弘之 博士に感謝の意を表す．

2013 年 8 月

藤本　晶

目　　次

序章　光エレクトロニクスとは 1

第 1 章　波の基本的性質 2
  1.1　波の表式　　2
  1.2　波の速度　　4
  1.3　任意の波形をもつ波の取扱い　　5
  1.4　光波の伝搬 ―球面波と平面波―　　7
  1.5　屈折と全反射　　7
  1.6　光の回折　　9
  1.7　波の干渉　　10
    1.7.1　干渉縞　　10
    1.7.2　定在波　　12
    1.7.3　うなり　　13
  演習問題　　14

第 2 章　光と電磁波 15
  2.1　マクスウェルの方程式　　15
  2.2　波動方程式　　19
  演習問題　　22

第 3 章　偏　光 23
  3.1　直線偏光と楕円偏光　　23
  3.2　P 偏光と S 偏光　　25
  3.3　ブルースター角　　26
  演習問題　　27

第 4 章　光導波路と光ファイバ 28
  4.1　スラブ導波路中の光の伝搬　　28
  4.2　導波モード　　30
  4.3　光ファイバ中の光の伝搬　　32
  演習問題　　34

第5章 レーザ光 ……………………………………………………………… 35

  5.1 自然光とレーザ光　35
  5.2 レーザ光の特徴　36
    5.2.1 単色性　36
    5.2.2 指向性　36
    5.2.3 可干渉性　37
    5.2.4 スペックル　38
  演習問題　39

第6章 レーザ光の発生 ……………………………………………………… 40

  6.1 光と物質の相互作用　40
  6.2 反転分布と光増幅　42
  6.3 レーザ動作　44
    6.3.1 光子の増幅　44
    6.3.2 発振条件　45
  演習問題　47

第7章 各種レーザ …………………………………………………………… 48

  7.1 ガスレーザ　48
    7.1.1 He-Neレーザ　49
    7.1.2 Arイオンレーザ　50
    7.1.3 CO_2レーザ　51
    7.1.4 エキシマレーザ　52
    7.1.5 その他のガスレーザ　52
  7.2 固体レーザ　53
    7.2.1 ルビーレーザ　53
    7.2.2 YAGレーザ　54
    7.2.3 その他の固体レーザ　55
  7.3 半導体レーザ　56
  演習問題　57

第8章 半導体の基本的事項 ………………………………………………… 58

  8.1 半導体中のエネルギー帯構造　58
  8.2 p-n接合　60
  8.3 光と半導体との相互作用　62

8.4　直接遷移と間接遷移　63
8.5　キャリアの発生と再結合　64
8.6　少数キャリアの拡散　67
8.7　ホモ接合とダブルヘテロ構造　68
　8.7.1　ホモ接合　68
　8.7.2　ダブルヘテロ接合　69
演習問題　71

第9章　発光ダイオード　72

9.1　赤外発光ダイオード　72
9.2　赤色発光ダイオード　74
9.3　青色発光ダイオード　75
演習問題　76

第10章　半導体レーザ　77

10.1　半導体レーザの構造　77
10.2　半導体レーザの動作解析　79
　10.2.1　レート方程式　79
　10.2.2　発振閾値　80
　10.2.3　半導体レーザの効率　82
　10.2.4　発振モード　82
10.3　半導体レーザの特性測定　84
　10.3.1　電流-光出力特性　84
　10.3.2　発光スペクトルとモード　85
　10.3.3　放射パターン　86
　10.3.4　温度特性　87
10.4　種々の半導体レーザ　88
　10.4.1　量子井戸レーザ　88
　10.4.2　面発光レーザ　90
　10.4.3　DFBレーザとDBRレーザ　91
演習問題　93

第11章　受光素子　94

11.1　光電効果と光導電セル　94
11.2　光起電力効果と太陽電池　95

11.3 フォトダイオード　98
　11.3.1 フォトダイオード　98
　11.3.2 pin フォトダイオード　99
　11.3.3 アバランシェフォトダイオード　100
11.4 撮像素子　101
　11.4.1 CCD 撮像素子　101
　11.4.2 MOS 撮像素子　102
演習問題　103

第12章　光制御素子　104

12.1 偏光板　104
　12.1.1 プラスチック板を用いた偏光板　104
　12.1.2 偏光プリズム　105
12.2 位相板と波長板　105
12.3 光アイソレータ　106
12.4 光変調器　107
　12.4.1 電気光学光変調器　107
　12.4.2 導波路型電気光学光変調器　108
12.5 光偏向器　109
演習問題　111

第13章　光エレクトロニクスの応用　112

13.1 光通信システム　112
13.2 表示デバイス　113
　13.2.1 液晶ディスプレイ　113
　13.2.2 エレクトロルミネッセンス　115
13.3 照明　117
13.4 光記録　119
　13.4.1 CD と DVD　119
　13.4.2 光磁気記録　121
13.5 情報機器　122
　13.5.1 バーコードリーダ　122
　13.5.2 レーザプリンタ　124
13.6 計測機器　124
　13.6.1 距離センサ　124

13.6.2　光ジャイロスコープ　126
演習問題　127

付　表 ……………………………………………………………… 128
演習問題解答 ……………………………………………………… 129
参考文献 …………………………………………………………… 140
索　引 ……………………………………………………………… 141

序章 光エレクトロニクスとは

　光エレクトロニクスは，光学と電子工学とからできあがった学問領域であり，いまでいう「融合複合領域」の先駆け的な存在である．光エレクトロニクスという分野ができたきっかけは 1960 年のルビーレーザの発明であり，光エレクトロニクスの「光」はレーザを強く意識したものであった．

　よく知られているように，「Laser」は Light Amplification by Stimulated Emission of Radiation（輻射の誘導放出による光増幅）の頭文字をとった造語で，その後種々のレーザが開発され，普及するにつれてごくふつうに使われる言葉になった．

　レーザの開発のなかでも特筆すべき出来事は，1970 年に林　巌夫らによってなされた半導体レーザの室温連続動作であろう．この成功により，それまでパルスでしか動作せず，実用化にはほど遠かった半導体レーザが直流で動作することが実証され，光通信の光源としてにわかに脚光を浴びることになった．それ以降，多くの研究者が精力的に開発を進めた結果，半導体レーザは急速な発展を遂げた．

　また，同じく 1970 年に，半導体レーザの室温連続動作とならぶ出来事が起こった．それは，アメリカのコーニング社によって成し遂げられた光ファイバの超低損失化である．コーニング社はファイバ中の不純物を取り除くことで，20 dB/km という当時としては驚くほどの超低損失光ファイバを実現した．この開発により，それまでの同軸ケーブルによる通信に取って代わるものとして，光ファイバを用いた光通信が急速に現実味を帯びることになった．

　半導体レーザと光ファイバはその後も改良が繰り返され，半導体レーザでは，10 万時間を超える長寿命，µA オーダーでの動作も達成されている．また，光ファイバでは 0.2 dB/km というほぼ理論限界に近い低損失光ファイバが実現され，これらを組み合わせた光通信が電話やインターネットなどの日常の通信を支える時代を迎えたのである．

　このように光エレクトロニクスは，いまやわれわれの生活を支える，なくてはならない学問分野，技術となっており，これから社会で活躍する研究者や技術者にとって，光エレクトロニクスの基礎を学ぶことは必須になっている．本書には，この光エレクトロニクスの基礎である電磁気学から，光の基本的な性質，光エレクトロニクスの中心であるレーザ光，そして光エレクトロニクスの応用について記載している．本書を読んでいただくことで，光エレクトロニクスの全体像がつかんでもらえるものと考える．

第1章 波の基本的性質

水の波,音,電磁波…. 私たちの周りには「波 (wave)」があふれている. そして,本書のテーマである「光 (light)」もまた波である. そこで,光エレクトロニクスを学習する前に,波の基本的な性質を整理しておこう.

1.1 波の表式

遠くに浮いているボールを引き寄せようとして池やプールの端で波を立てても,浮いているものを引き寄せられなかった経験は誰しももっているだろう. 水に浮いているものが波によって引き寄せられないのは,波が水の移動ではなく,波の同じ高さの部分が単に移動しているだけで,波を構成している水自体はその場で単純に上下に動いているだけだからである.

この水の同じ高さの部分がどの方向にどのくらいの速さで進むかで,私たちは波を認識している. 水の波の場合は高さであったが,これが音の場合は空気の圧力,電磁波(光も電磁波である)の場合は電界と磁界の大きさというように,変化するものはそれぞれ異なる物理量であるが,それを構成する物体そのものの移動を必ずしも伴わないという点は,すべての波で共通である. 波を形づくる物理量を記号 Ψ で表すと,もっとも基本的な波は,式 (1.1) のように三角関数で表すことができる.

$$\Psi = A\cos(\omega t - kx) \tag{1.1}$$

ここで,A は三角関数が最大値1をとったときの Ψ の値であり,Ψ は A より大きくなれない. そのため,A は Ψ の**最大値** (maximum value) を与えることになる.

また,ω は1秒間に何ラジアン進むかを表す**角周波数** (angular frequency) とよばれる値であり,k は後ほど説明する**波数** (wave number) である. そして,t は時刻を表している.

この式の括弧内の $\omega t - kx$ を**位相** (phase) とよび,この位相が同じ値なら cos の値は同じとなり,波を表す Ψ も同じ値となる. 波がどのように動くかをみるためには,Ψ が同じ値のところの動きをみればよいから,いま,式 (1.1) の括弧内を一定値とすると,x はつぎのように求められる.

$$\omega t - kx = C \qquad \therefore \quad x = \frac{\omega t - C}{k} \tag{1.2}$$

ここで，C は定数である．時刻 t は時間の経過とともに単調に増加するから，式 (1.2) から，x も t の増加とともに増加しなければならない．その結果，波は x の増加する方向，すなわち x の正の方向に移動することがわかる．つまり，式 (1.1) で表される波は x の正の方向に移動することになる．逆に，

$$\Psi = A\cos(\omega t + kx) \tag{1.3}$$

で表される波は，x の負の方向に進む波である．

式 (1.1) で表される波を，ある決められた 1 点で観測することを考える．式 (1.1) で $x = $ 一定 として，時刻 t が単調に増加する際の物理量 Ψ の変化をみると，図 1.1(a) のように，横軸を時間とした cos 波で表される．一方，ある瞬間にスチルカメラで撮ったように，ある時刻における波の状況を観測する場合には，式 (1.1) で $t = $ 一定 として，x による変化をみることになる．その場合の状況を図 (b) に表す．このように波を観察する場合，x を一定としてその点での時間による変化をみる場合と，t を一定として場所による変化をみる場合との 2 通りの見方，表記の仕方がある．

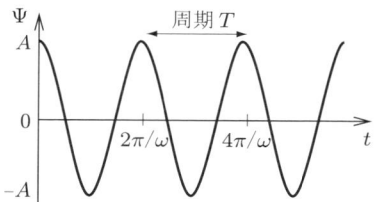 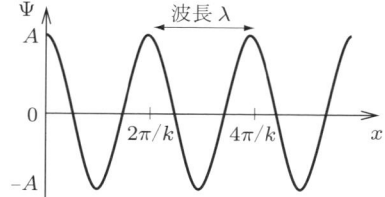

(a) ある場所での時間変化をみた場合　　(b) ある時間での場所の変化をみた場合

図 1.1　基本的な波の様子

図 (a) で示すように，ある決まった場所で波を観測した際に，Ψ が同じ値となる時間の間隔を**周期** (period) とよぶ．周期 T は三角関数の位相が 2π 変化する間隔に等しく，x が一定であるから，

$$\omega T = 2\pi \qquad \therefore \quad T = \frac{2\pi}{\omega} \tag{1.4}$$

と表される．また，1 秒間にこの周期がいくつあるかを**周波数** (frequency) もしくは**振動数**といい，

$$f = \frac{1}{T} \tag{1.5}$$

と表すことができる．式 (1.4) と式 (1.5) から，角周波数は，

$$\omega = 2\pi f \tag{1.6}$$

となる．

また，t を一定として x による変化をみた図 (b) の場合には，物理量 Ψ が同じ値をとる距離を**波長**（wavelength）とよぶ．1 波長では，x の変化により位相が 2π 変化している．このことから，t が一定であることを考慮すると，波数 k は

$$k\lambda = 2\pi \quad \therefore \quad k = \frac{2\pi}{\lambda} \tag{1.7}$$

となり，長さ 2π [m] に波がいくつ入っているかを示す量であることがわかる．

> **Coffee Break：水の波，水波**
>
> 私たちにもっとも身近な波は，水面にできる水波（water wave）であろう．波のいろいろな性質は，水波でイメージすることも可能である．だが，水波は基本的な三角関数の波ではなく，きわめて複雑な形をしており，それに伴う特異な性質ももっている．しかし直感的にイメージでき，そのうえ風呂場などで容易に確かめられるため，波の性質の説明にはしばしば水波が用いられる．

1.2　波の速度

波の速度は，位相 $\phi = \omega t - kx$ が一定の点の移動速度で表すことができるから，

$$\omega t - kx = \phi' \text{（一定）} \tag{1.8}$$

とおいて，式 (1.8) の両辺を時間で微分すると，速度 v は位置（座標）の時間微分 dx/dt で表されるから，

$$\omega - k\frac{dx}{dt} = 0 \quad \therefore \quad v = \frac{dx}{dt} = \frac{\omega}{k} \tag{1.9}$$

と求められる．この v は，位相が同じ点が進む速さを表しているので，**位相速度**（phase velocity）とよばれている．

いま，式 (1.9) に式 (1.6) と式 (1.7) を代入すると，

$$v = \frac{2\pi f}{2\pi/\lambda} = \lambda f \tag{1.10}$$

という関係が得られ，位相速度は波長と周波数の積で求められることがわかる．

位相速度は波の位相の等しい部分が移動する速度であり，波の媒質が移動する速度とは異なる場合が多い．波の媒質そのものが移動する速度は**群速度**（group velocity）とよばれ，波の運動量やエネルギーを議論する際には，群速度を用いることに注意する必要がある．

――Plus α：位相速度と群速度――――――――――――

式 (1.9) で求めた速度は位相速度であり，波の媒質が進む速度ではない．波の媒質そのものが進む速度は**群速度**といって，これらは区別される．一般に，位相速度は群速度よりも大きく，何桁も異なる場合がある．たとえば，導線の中を電子が実際に進む速度は群速度であり，その値は時速数十センチと意外に遅い．それに対して，電気信号は光の速度に近い速さで届く．これは，電気信号が電圧や電流の位相として伝わるからである．

1.3　任意の波形をもつ波の取扱い

波のすべてが三角関数であるとは限らない．なかには，図 1.2(a) に示すような四角形の**方形波**（square wave）や，図 (b) に示すような**三角波**（triangle wave），さらには水の波のように，もっと複雑な形をした波が存在する．これらの波を取り扱うにはどうすればよいだろうか．

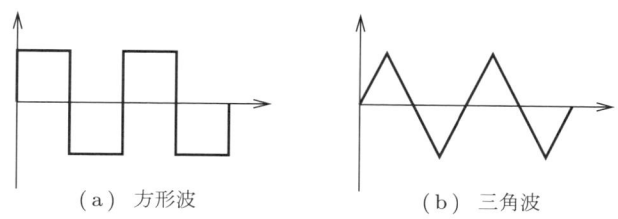

（a）方形波　　　　　（b）三角波

図 1.2　方形波と三角波

その答えは，「どんな形の波も，三角関数の足し合わせで表して考える」である．つまり，個々の三角関数の振舞いをみれば，複雑な波の挙動がわかるのである．たとえば，図 (a) の方形波の場合は，

$$f(x) = \frac{4}{\pi}\left(\sin x + \frac{1}{3}\sin 3x + \frac{1}{5}\sin 5x + \frac{1}{7}\sin 7x + \cdots\right)$$
$$\simeq \frac{4}{\pi}\sum_N \frac{1}{2N-1}\sin(2N-1)x \tag{1.11}$$

のように三角関数の和で表すことができる．この式 (1.11) の右辺の項を多く取るほ

ど，実際の方形波に近づいていく．その様子を図 1.3(a) に示す．

同様に，図 1.2(b) のような三角波の場合は，

$$f(x) = \frac{8}{\pi}\left(\sin x - \frac{1}{9}\sin 3x + \frac{1}{25}\sin 5x - \frac{1}{49}\sin 7x + \cdots\right)$$
$$\simeq \frac{8}{\pi}\sum_N \frac{1}{N^2}\sin\left(\frac{N\pi}{2}\right)\sin Nx \tag{1.12}$$

と，やはり三角関数の和で表すことができる．三角波の場合も方形波の場合と同様に，右辺の項を多く取るほど三角波に近くなる．この様子を図 1.3(b) に示す．

このように，すべての波は三角関数の集合で表すことができるため，三角関数の振舞いを理解することで複雑な波形の波の振舞いを理解することができる．以降では，とくに断らない限り，三角関数で表される波を取り扱うことにする．

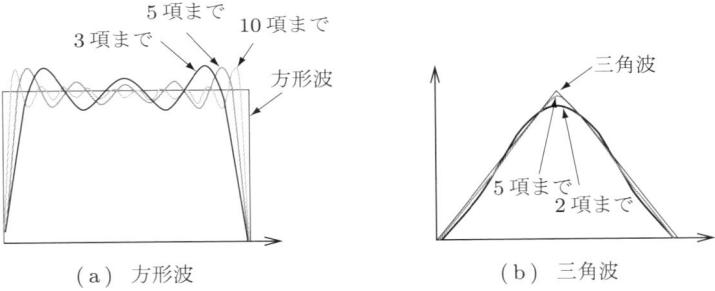

図 1.3　方形波と三角波の合成

Coffee Break：ギブスの現象

式 (1.11) で方形波が表現できるとしたが，実際に合成してみると，不連続点で部分和の最大値が関数自体の最大値より大きくなってしまい，オーバーシュート状の突起ができる（図 1.4）．この突起は項数を増やしてもなくならないことが知られている．これを発見者の名前をとって**ギブスの現象**（Gibbs phenomenon, Josiah Willard Gibbs: 1839–1903）という．

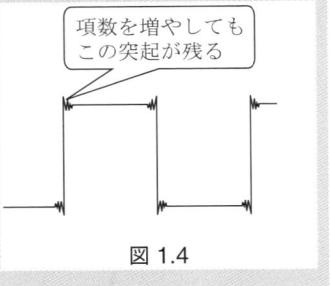

図 1.4

1.4 光波の伝搬 —球面波と平面波—

　光は電球や発光ダイオードなどから発せられる．このように，光を発するものを**光源**（light source）という．いま，図 1.5 のように，豆電球のような小さく限定された領域から光を発する光源を考える．光は豆電球からあらゆる方向に放射され，光の波面はほぼ球面になると予想できる．このような波を**球面波**（spherical wave）という．

　豆電球に対して，蛍光灯を並べたような，平面的な光源から出る光を考えると，平面的な光の波面が形成される．理想的な平面光源から光が出ているとすると，その波面は進行方向に向かってのみ進み，進行方向に垂直な方向成分はもたない．この様子は，図 1.6 に示すように，あたかも平面で構成される波面が，進行方向につぎつぎに押し寄せてくるイメージとなる．このような波を**平面波**（plane wave）とよぶ．z 方向に伝搬する平面波は，x 座標や y 座標とは無関係となり，式 (1.1) と同様に座標 z と時間 t のみで決まり，$\Psi = A\cos(\omega t - kz)$ で表される．この式から，Ψ は同じ z の値の同一波面内では同じ値をとることがわかる．

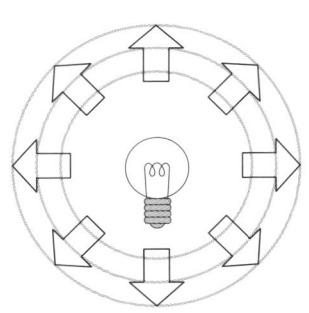

図 1.5　豆電球からの球面波

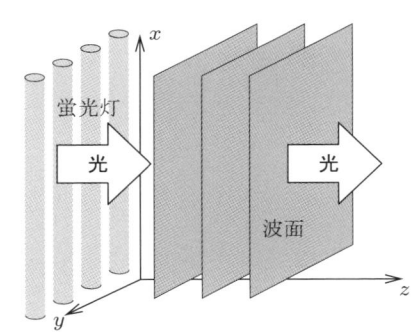

図 1.6　蛍光灯からの平面波

1.5 屈折と全反射

　光の伝搬速度は真空中と物質中では異なり，物質中では真空中よりも遅くなる．この光の速度の差は，真空と物質との**屈折率**（refractive index）の値に起因する．物質中の光の速度 c_a は，物質の屈折率を n とすると

$$c_a = \frac{c}{n} \tag{1.13}$$

となり，真空中の $1/n$ 倍になる．たとえば，半導体シリコンの屈折率は可視光線の波

長では 3〜4 付近であるので，半導体中を光は真空中の 1/3〜1/4 程度の速さで進むことになる．

いま，屈折率の異なる 2 種類の物質の界面に，平面波の光が斜めに入射した場合を考える．光が界面付近に差しかかると，平面波の一部が界面を越えて先に他方の物質に進入することになる．この進入した波面は，もとの物質中とは異なる速度で伝搬する．光が屈折率の小さな物質から大きい物質へ進入する場合は，波は屈折率の大きいほうへ曲げられる．この現象を光の**屈折**（refraction）という．この屈折の方向を表したのが，次式の**スネルの法則**（Snell's law）である．

$$n_1 \sin \theta_1 = n_2 \sin \theta_2 \tag{1.14}$$

ここで，θ_1 を**入射角**（angle of incidence），θ_2 を**屈折角**（angle of refraction）とよぶ．θ_1 と θ_2 のどちらが大きいかは，屈折率 n_1 と n_2 のどちらが大きいかによって決まる．

図 1.7 に，屈折率の異なる界面での光の屈折の様子を示す．図 (a) は屈折率の小さな媒質から大きな媒質へ光が入射する場合（$n_1 < n_2$）であり，入射角 θ_1 よりも屈折角 θ_2 が小さくなっている．これは空気中から水中へ光が入射する場合であり，池の中を上から眺めた場合に相当する．

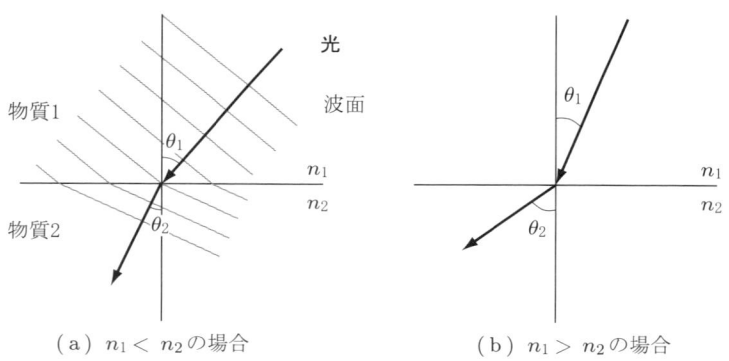

（a）$n_1 < n_2$ の場合　　　　（b）$n_1 > n_2$ の場合

図 1.7　光の屈折

図 (b) はその逆の場合（$n_1 > n_2$）であり，水中から水面を見る場合に相当する．この場合には入射角 θ_1 よりも屈折角 θ_2 が大きくなる．いま，式 (1.14) で $\theta_2 = \pi/2$ となる場合を考える．このときには，屈折光は物質 1 と物質 2 との界面を進むことになる．このときの入射角を**臨界角**（critical angle）とよび，これ以上入射角が大きくなると，光は物質 2 の中に入ることができず，すべて反射される．この状態を**全反射**（total internal reflection）という．全反射は水中から水面を見た際に，水面がギラギ

ラ輝いて，水上のものがまったく見えないことから実感できる．

この全反射の様子を図 1.8 に示す．入射光は入射する点で反射されるのではなく，実際は図 1.7 で示したように平面波は界面付近で波面の進む速度が異なる部分が少しずつ大きくなって，徐々に進行方向が変化する．そのため，入射光は界面ではなく，あたかも界面から少し中に入った面で反射されることになる．この反射面のずれを**グース・ヘンシェンシフト**（Goos-Hänchen shift）とよんでいる．グース・ヘンシェンシフトにより，反射光の位相遅れが生じる．

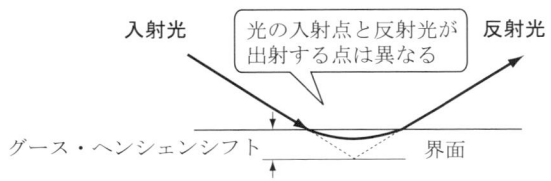

図 1.8　グース・ヘンシェンシフト

1.6　光の回折

港で水の波を見ていると，波を防ぐために設置されている防波堤の内側にも，図 1.9 に示すように波が回り込んでいる．この現象を**回折**（diffraction）といい，これは光波に限らず，波の特徴的な性質の一つである．波が遮蔽物の裏側に回り込む角度（**回折角**（angle of diffraction））はおおむね次式で表される．

$$\theta \simeq \frac{\lambda}{d} \tag{1.15}$$

ここで，θ は回折角，λ は波長，そして d は開口部の大きさである．この式から，波

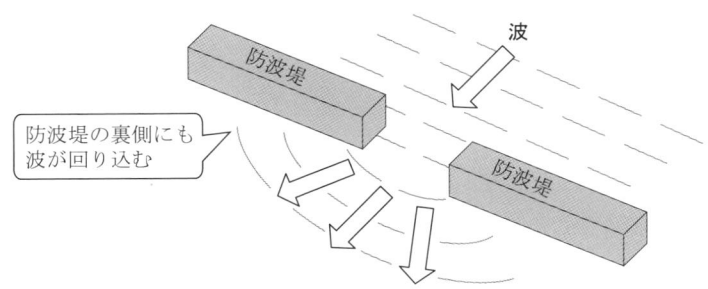

図 1.9　防波堤の裏側への水波の回り込み

長が長い（周波数が低い）ほど回折角が大きいことがわかる．

波長の違いによって回折のされ方が異なることは，カーラジオを聞きながらトンネルに入ると容易に確かめることができる．図 1.10 に示すように，波長の長い AM 放送は比較的トンネルの奥まで聞こえるが，波長の短い FM 放送はすぐに聞こえなくなる．これは波長の長い AM 放送の電波は回折角が大きく，トンネルの奥深くまで入りやすいことが一因である．

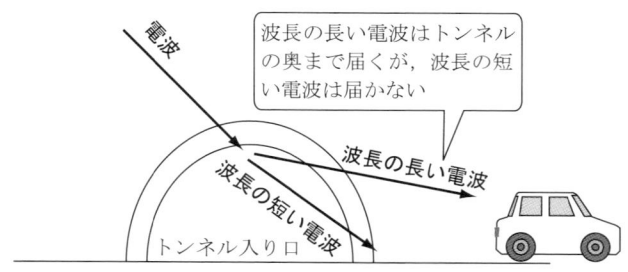

図 1.10　トンネル内への電波の回折

Plus α：電子線の回折（electron diffraction）

粒子の流れは回折しないので，遮蔽物があるとその裏側には到達しないが，波は回折によって遮蔽物の裏側に回ることができる．粒子と考えられていた電子にも波の性質があることを実験で示したのは，アバディーン大学のトムソン（George Paget Thomson: 1892–1975）とベル研究所のデイヴィソン（Clinton Joseph Davisson: 1881–1958）とジャマー（Lester Halbert Germer: 1896–1971）である．いずれも，薄い金属膜に電子ビームを透過させて，干渉パターンや回折像を観測している．この実験によって，電子にも波の性質があるとしたド・ブロイ（Louis-Victor Pierre Raymond, 7$^\text{e}$ duc de Broglie: 1892–1987）の関係式が実証された．

1.7　波の干渉

1.7.1　干渉縞

一つの波が異なった経路を通った後に再び重なり合うと，波が強め合ったり逆に弱められたりする．この現象は**干渉**（interference）とよばれ，現れる縞模様を**干渉縞**（interference fringe）とよぶ．図 1.11 に示すように，一つの光源から出た光が距離 d だけ離れた二つのスリットを通って，スリットから距離 D のところにあるスクリーン上で再び重ね合わされる状況を考える．

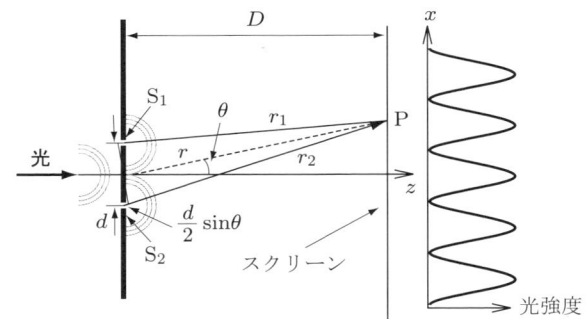

図 1.11 二つのスリットからの光の干渉

上側のスリット S_1 を通った光が点 P に到達するまでの距離 $\overline{S_1P}$ と，下側のスリット S_2 を通った光が点 P に到達するまでの距離 $\overline{S_2P}$ は等しくない．図 1.11 より，$\overline{S_1P}$, $\overline{S_2P}$ はそれぞれ

$$\overline{S_1P} \simeq r - \frac{d}{2}\sin\theta$$
$$\overline{S_2P} \simeq r + \frac{d}{2}\sin\theta \tag{1.16}$$

と書ける．この光路差が波長の整数倍のときには二つの波の位相が同じになるので，二つの波は強め合う．一方，光路差が 1/2 波長ずれた場合には，二つの波が逆位相となって弱め合うことになる．したがって，二つの波が強め合う条件は

$$\overline{S_2P} - \overline{S_1P} = r + \frac{d}{2}\sin\theta - r + \frac{d}{2}\sin\theta = d\sin\theta = n\lambda \tag{1.17}$$

となる．ここで λ は光の波長，n は整数である．

式 (1.17) で点 P の座標を x とすると，$\sin\theta = x/r \simeq x/D$ であるので，

$$d\sin\theta \simeq \frac{dx}{D} = n\lambda \tag{1.18}$$

となる．これより，光が強め合う点の x 座標は

$$x = \frac{n\lambda D}{d} \tag{1.19}$$

となり，図 1.11 の右側に示したように，光が強め合う位置が周期的に現れることになる．また，この位置から 1/2 波長ずれた

$$x = \frac{(n+1/2)\lambda D}{d} \tag{1.20}$$

で光が弱め合うことになる．

この干渉現象は，身近なところでは平行線が少し角度をもって重なり合うことで発生する**モアレ縞**（moire fringe）として観測される（図 1.12）．このモアレ縞は，テレビ画面の中の縞模様の衣服や，庭先の簾の重なりでしばしば見ることができる．

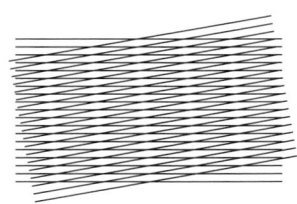

図 1.12　二つの平行線によるモアレ縞

1.7.2　定在波

つぎに，波が反射されてもどってきたときに，進む波ともどってくる波との間での干渉を考える．進む波を**進行波**（traveling wave），もどってくる波を**反射波**（reflected wave）という．

いま，進行波を x の正の方向に進む波として

$$\Psi = A\cos(\omega t - kx) \tag{1.21}$$

で表し，反射波を x の負の方向に進む波として

$$\Psi = A\cos(\omega t + kx) \tag{1.22}$$

とする．これらの波がぶつかると，

$$\begin{aligned}\Psi &= A\cos(\omega t - kx) + A\cos(\omega t + kx) \\ &= 2A\cos(\omega t)\cos(kx)\end{aligned} \tag{1.23}$$

となる．この波は時間が経っても移動することなく，図 1.13 のように，反射位置を節

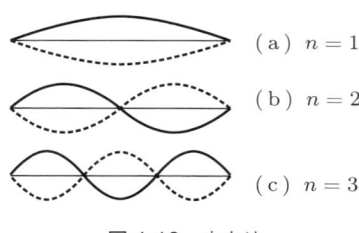

図 1.13　定在波

(node) として同じ場所で振動している．この移動しない波を**定在波**（standing wave）という．

定在波は楽器の弦やパイプの共鳴などの身近なところで感じることができる．また，タイヤのスタンディングウェーブ現象も，この定在波の現象である．

> **Coffee Break：弦楽器と定在波**
>
> 弦を振動させて音を出す弦楽器は，弦を叩いたり弾いたりすることで弦上に進行波を発生させる．すると，進行波が弦の端で反射した反射波と干渉して，定在波ができる．私たちはこの定在波の振動を音として聞いていることになる．この定在波では弦の長さが 1/2 波長になる波（**基本波**（fundamental harmonic））と，1 波長や 1.5 波長，2 波長の波などの**高調波**（higher harmonics）とよばれる波が重なり合って，特有の音色を奏でている．この割合が異なれば，違った音色になる．たとえば，ギターでは弦の端に近いところを弾くと高調波が多くなって堅い音に，また真ん中付近を弾くと高調波は減って柔らかい音色になる．

1.7.3 うなり

いま，周波数のきわめて近い二つの波が干渉する場合を考える．それぞれの角周波数がわずかに α ずつ異なっているとすると，二つの波 Ψ_1, Ψ_2 はそれぞれ

$$\begin{aligned}\Psi_1 &= A\cos(\omega t - \alpha) \\ \Psi_2 &= A\cos(\omega t + \alpha)\end{aligned} \quad (1.24)$$

と表される．

この二つの波が重なると，

$$\begin{aligned}\Psi = \Psi_1 + \Psi_2 &= A\cos(\omega t - \alpha) + A\cos(\omega t + \alpha) \\ &= 2A\cos(\omega t)\cos\alpha\end{aligned} \quad (1.25)$$

となる．この式では，もともとの角周波数の波に，小さな角周波数 α の波が重なっている．その結果，角周波数 ωt の波の振幅が，角周波数 α で変動することになる．この様子を図 1.14 に示す．

このように，角周波数のわずかに異なる二つの波が重なると，もとの波の振幅が二つの波の角周波数の差の周波数で変動するのがわかる．これを**うなり**（beat）という．

このうなりは，電波の振幅変調に応用されている．うなりの角周波数は二つの波の差となっており，二つの波の角周波数が等しいとうなりは生じない．また，音波では音の強弱として直接に認識することができるため，楽器の調律などに応用されている．

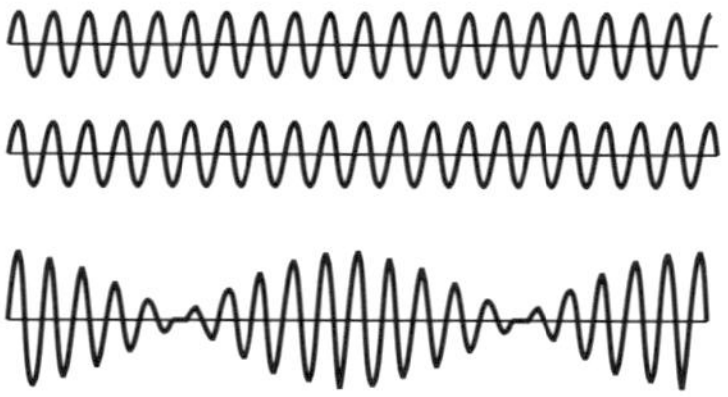

(a) $\Psi_1 = \cos(100t)$

(b) $\Psi_2 = \cos(110t)$

(c) $\Psi_1 + \Psi_2$

図 1.14　うなり

演 習 問 題

[1] Ar イオンレーザの波長 514.5 [nm] の光の周波数 f と波数 k を求めよ．
[2] 波長 10 [cm] の音波の周波数を求めよ．ただし，音速を 331 [m/s] とする．
[3] 波の位相速度が $v = \omega/k$ で表せることを示せ．
[4] 携帯電話のアンテナが街中いたるところに設置されているのはなぜか考えよ．
[5] トンネルの開口部が 5 [m] である．波長 0.3 [m] の電波のおおよその回折角を求めよ．
[6] 三角関数の波と，その波の 1/20 の振動数の波の積をグラフで示せ．また，和についても示せ．

第2章 光と電磁波

よく知られているように，光は電磁波の一種であり，電磁波と同様にマクスウェルの方程式で光波の振舞いを記述することができる．ここでは，電気磁気学で学んだマクスウェルの方程式を復習し，そこから電磁波としての光の波が従うべき波動方程式を導こう．

2.1 マクスウェルの方程式

1873年に，マクスウェル（James Clerk Maxwell: 1831–1879）はそれまで知られていた電磁気学の以下の四つの法則をまとめて，電磁波を表す基本方程式をつくり上げた．

■ファラデーの法則（Faraday's law of induction）

図2.1のように，磁界中に置かれた閉回路に生じる起電力は，閉回路に鎖交する磁束の時間変化に等しい．式で書くと，

$$\oint_C \boldsymbol{E} \cdot d\boldsymbol{s} = -\frac{d\Phi}{dt} \tag{2.1}$$

となる．ここで，Φ は閉回路と鎖交する磁束，$\boldsymbol{E}$ は電界，$d\boldsymbol{s}$ は積分要素であり，起電力の積分値が磁束の時間的変化に等しいことを表している．右辺の負符号は，磁束が増減するときに，その変化を妨げる方向に起電力が発生することを示している．

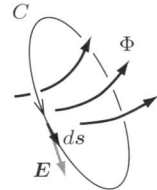

図2.1 ファラデーの法則

■アンペアの周回積分の法則（Ampere's circuital law）

図 2.2 のように，電流が流れている媒質中の任意の閉路に沿って磁界を積分した値は，閉路と鎖交する電流に等しい．式で書くと，

$$\oint_C \boldsymbol{H} \cdot d\boldsymbol{s} = I \tag{2.2}$$

となる．ここで，$\boldsymbol{H}$ は閉路上の磁界，I は閉路と鎖交している電流，$d\boldsymbol{s}$ は積分要素である．

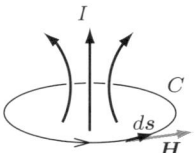

図 2.2　アンペアの周回積分の法則

■電界に対するガウスの法則（Gauss' law for electric field）

図 2.3 のように，任意の閉曲面 S 上で電束密度 $\boldsymbol{D}$ を積分すると，

$$\int_S \boldsymbol{D} \cdot \boldsymbol{n}\, dS = Q \tag{2.3}$$

となる．ここで，Q は閉曲面内の全電荷である．この式は，ある閉曲面から外側に出て行く電束の総和は，閉曲面の内部の電荷の総和に等しいことを表している．

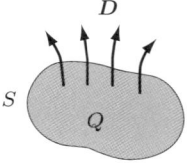

図 2.3　ガウスの法則

■磁界に対するガウスの法則（Gauss' law for magnetic field）

電界の場合と同様に，図 2.4 において任意の閉曲面 S 上で磁束密度 $\boldsymbol{B}$ を積分すると，

$$\int_S \boldsymbol{B} \cdot \boldsymbol{n}\, dS = 0 \tag{2.4}$$

となる．磁界の場合は電界の場合とは異なり，閉曲面から出た磁束は必ず閉曲面にもどってくる．逆に，閉曲面に入った磁束は必ず外部に出て行く．そのため，磁束の積分値は常にゼロとなる．このことは N 極と S 極の 2 種類の磁極が常に同じ大きさで対となって存在することや，N 極もしくは S 極が単独で存在する**磁気単極子**（magnetic monopole）は存在しないことを示している．

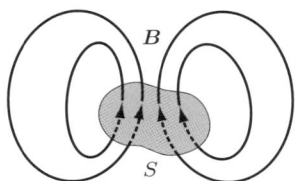

図 2.4　磁界に対するガウスの法則

■**マクスウェルの方程式**

ベクトル $\boldsymbol{A}$ の任意の面 S における面積分と，その周囲の積分路 C の線積分との間には，

$$\oint_C \boldsymbol{A} \cdot d\boldsymbol{s} = \int_S (\boldsymbol{\nabla} \times \boldsymbol{A}) \cdot \boldsymbol{n}\, dS \tag{2.5}$$

という**ストークスの定理**（Stokes' theorem）が成立する．ここで，右辺の $\boldsymbol{\nabla}$ は $\boldsymbol{\nabla} = \dfrac{\partial}{\partial x} + \dfrac{\partial}{\partial y} + \dfrac{\partial}{\partial z}$ で表され，対象を位置の変数 x, y, z で微分する演算子である．この定理を式 (2.1) と式 (2.2) に適用すると，式 (2.1) の左辺は

$$\oint_C \boldsymbol{E} \cdot d\boldsymbol{s} = \int_S (\boldsymbol{\nabla} \times \boldsymbol{E}) \cdot \boldsymbol{n}\, dS \tag{2.6}$$

と書ける．また，磁束は磁束密度の積分であるから，式 (2.1) の右辺は

$$-\frac{d\Phi}{dt} = -\frac{d}{dt}\int_S \boldsymbol{B} \cdot \boldsymbol{n}\, dS = -\int_S \frac{d\boldsymbol{B}}{dt} \cdot \boldsymbol{n}\, dS \tag{2.7}$$

となる．式 (2.1) の両辺である式 (2.6) と式 (2.7) は等しいので，その被積分関数も等しくなり，

$$\boldsymbol{\nabla} \times \boldsymbol{E} = -\frac{d\boldsymbol{B}}{dt} \tag{2.8}$$

が導かれる．

同様に，式 (2.2) から

$$\oint_C \boldsymbol{H} \cdot d\boldsymbol{s} = \int_S (\boldsymbol{\nabla} \times \boldsymbol{H}) \cdot \boldsymbol{n}\, dS \tag{2.9}$$

および

$$I = \int_S \boldsymbol{i} \cdot \boldsymbol{n}\, dS \tag{2.10}$$

が導かれる．ここで，マクスウェルは電流が時間的に変化する際に，導体内の電流のほかに空間内を**変位電流**（displacement current）が流れると考えて，電流が

$$I = \int_S \left(\boldsymbol{i} + \frac{d\boldsymbol{D}}{dt} \right) \cdot \boldsymbol{n}\, dS \tag{2.11}$$

で表されるものと考えた．
　式 (2.9) と式 (2.11) が等しいので，それらの被積分関数から

$$\boldsymbol{\nabla} \times \boldsymbol{H} = \boldsymbol{i} + \frac{d\boldsymbol{D}}{dt} \tag{2.12}$$

が得られる．
　ベクトル $\boldsymbol{A}$ の発散（divergence）にその微小体積をかけたものは外部に流れ出る流束に等しく，それを任意の体積で積分すると，全表面からの流束に等しくなる．これは**ガウスの発散定理**（Gauss' divergence theorem）とよばれ，次式で表される．

$$\int_V \boldsymbol{\nabla} \cdot \boldsymbol{A}\, dV = \int_S \boldsymbol{A} \cdot \boldsymbol{n}\, dS \tag{2.13}$$

この定理を用いて式 (2.3) の左辺を体積積分に変換すると，

$$\int_V \boldsymbol{\nabla} \cdot \boldsymbol{D}\, dV = Q \tag{2.14}$$

となる．また，右辺の全電荷は電荷密度 ρ の体積積分で表される．

$$Q = \int_V \rho\, dV \tag{2.15}$$

　式 (2.14) と式 (2.15) が等しいため，

$$\boldsymbol{\nabla} \cdot \boldsymbol{D} = \rho \tag{2.16}$$

の関係が得られる．

同様に，式 (2.4) の左辺にガウスの発散定理を適用すると，

$$\int_V \nabla \cdot \boldsymbol{B}\, dV = 0 \tag{2.17}$$

となり，

$$\nabla \cdot \boldsymbol{B} = 0 \tag{2.18}$$

の関係が得られる．

　ここで導いた式 (2.8)，(2.12)，(2.16)，(2.18) の四つの式は**マクスウェルの方程式**（Maxwell's equations）もしくは**マクスウェルの電磁界方程式**とよばれ，電磁気学の基本式となっている．また，物質の特性を表す誘電率 ε，透磁率 μ，導電率 σ を用いた

$$\boldsymbol{D} = \varepsilon \boldsymbol{E} \tag{2.19a}$$
$$\boldsymbol{B} = \mu \boldsymbol{H} \tag{2.19b}$$
$$\boldsymbol{i} = \sigma \boldsymbol{E} \tag{2.19c}$$

の三つの式をマクスウェルの方程式に含める場合もある．

2.2　波動方程式

　マクスウェルは，マクスウェルの方程式から**電磁波**（electromagnetic wave）の式を導き，電磁波が光の速さで伝搬することを予言した．この予言は 1888 年にヘルツ（Heinrich Rudolf Hertz: 1857–1894）によって実験的に確かめられている．

　いま，式 (2.8) の両辺に $\nabla \times$ を作用させる．位置の変数 x, y, z と時間 t とはたがいに独立しているため，式 (2.8) は

$$\nabla \times (\nabla \times \boldsymbol{E}) = \nabla \times \left(-\mu \frac{\partial \boldsymbol{H}}{\partial t}\right) = -\mu \frac{\partial}{\partial t}(\nabla \times \boldsymbol{H}) \tag{2.20}$$

と変形できる．この式に式 (2.12) を代入すると，

$$\begin{aligned}
\nabla \times (\nabla \times \boldsymbol{E}) &= -\mu \frac{\partial}{\partial t}(\nabla \times \boldsymbol{H}) = -\mu \frac{\partial}{\partial t}\left(\varepsilon \frac{\partial \boldsymbol{E}}{\partial t} + \sigma \boldsymbol{E}\right) \\
&= -\mu\varepsilon \frac{\partial^2 \boldsymbol{E}}{\partial t^2} - \mu\sigma \frac{\partial \boldsymbol{E}}{\partial t}
\end{aligned} \tag{2.21}$$

となる．これにつぎのベクトル公式

$$\nabla \times (\nabla \times \boldsymbol{E}) = \nabla(\nabla \cdot \boldsymbol{E}) - \nabla^2 \boldsymbol{E} \tag{2.22}$$

を適用し，電荷のない空間を考えると，$\nabla \cdot \boldsymbol{E} = (1/\varepsilon)\nabla \cdot \boldsymbol{D} = 0$ となるので，

$$\nabla^2 \boldsymbol{E} = \mu\varepsilon \frac{\partial^2 \boldsymbol{E}}{\partial t^2} + \mu\sigma \frac{\partial \boldsymbol{E}}{\partial t} \tag{2.23}$$

のように電界に対する波動方程式が求められる．

つぎに，この方程式を解いて光の波動を求める．いま，電界を時間と空間に分けて，時間的に角周波数 ω で正弦波振動しているとすると，

$$\boldsymbol{E}(x,y,z,t) = \boldsymbol{E}(x,y,z)\exp(j\omega t) \tag{2.24}$$

と書ける．ここでは簡単のために x 方向のみの 1 次元で考えると，$E = E(x) = \Psi$ となり，さらに

$$\begin{aligned} k &= \omega\sqrt{\mu\varepsilon} \\ \nabla^2 \boldsymbol{E} &\to \ \frac{d^2\Psi}{dx^2} \end{aligned} \tag{2.25}$$

の置換を行って式 (2.23) に代入すると，

$$\frac{d^2\Psi}{dx^2} = -\left(k^2 - j\omega\mu\sigma\right)\Psi \tag{2.26}$$

となる．これは電界に対する**波動方程式**（wave equation）を表している．磁界に対する波動方程式も，式 (2.12) からスタートすることで，式 (2.26) と同様に求められる．

式 (2.26) の解は

$$\Psi = A^+ \exp(-\alpha x)\exp(-j\beta x) + A^- \exp(\alpha x)\exp(j\beta x) \tag{2.27}$$

で与えられる．ここで，右辺第 1 項は x の正の方向に波数 β で，また第 2 項は x の負

Coffee Break：三角関数の表記

波を表すのに用いられる sin や cos で表記される三角関数は，微分や積分演算の際には，演算のたびに関数とともに符号も変化してしまい，計算ミスの原因になる．このため，sin や cos ではなく，**オイラーの公式**[*]（Euler's formula）で三角関数と対応付けられる exp を用いることが多い．exp は積分や積分を繰り返しても関数も符号も変化しないため，演算の際のミスを防ぐことができる．演算が終われば，再び三角関数にもどして実部を取れば，三角関数で演算を行った場合と同じ結果が得られる．

[*] オイラーの公式　$\exp(ix) = \cos x + i\sin x$

の方向に波数 β で進む波を表している．また，α は

$$\alpha = \sqrt{\frac{-k^2 + \sqrt{k^4 + \omega^2\mu^2\sigma^2}}{2}} \tag{2.28}$$

であり，波の減衰の大きさを表しているので，**減衰定数**（damping ratio）とよばれる．一方，β は進行波の波数であり，**伝搬定数**（propagation constant）とよばれ，

$$\beta = \sqrt{\frac{k^2 + \sqrt{k^4 + \omega^2\mu^2\sigma^2}}{2}} \tag{2.29}$$

で表される．この二つの定数によって光の波の振舞いを表すことができる．

また，式 (2.25) より，光の速度 c は

$$c = \nu \times \lambda = \frac{2\pi\nu}{2\pi/\lambda} = \frac{\omega}{k} = \frac{1}{\sqrt{\mu\varepsilon}} \tag{2.30}$$

となる．この式に真空の透磁率 $\mu_0 = 4\pi/10^7$ および真空の誘電率 $\varepsilon_0 = 8.854 \times 10^{-12}$ を代入すると，

$$c = 2.998 \times 10^8\,[\mathrm{m/s}] \tag{2.31}$$

と真空中の光の速度が求められる．

Coffee Break：ヘルツの実験（Hertz's experiment）

ヘルツは 1887 年に，電磁波の発信と受信の実験を行い，マクスウェルの予言が正しいことを示した．その実験装置を図 2.5 に示す．電波の発生装置には誘導コイルと火花放電を起こす金属球を，受信装置には金属球によるスパークギャップとコイルを用い，火花放電による電磁波が来ると，コイルの端の金属球間で火花放電が発生するようになっていた．ヘルツは数か月間実験を繰り返し，電磁波が空間を伝搬することや，電磁波の速度が光速に等しいことを証明し，今日の無線の発明の基礎を築いた．

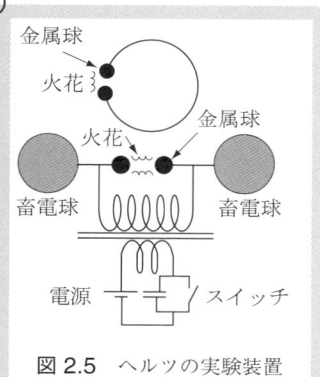

図 2.5 ヘルツの実験装置

演習問題

[1] 式 (2.12) からスタートして，磁界に関する波動方程式を導け．
[2] 真空の誘電率と透磁率から，光の速度を求めよ．
[3] 電界に関する波動方程式 (2.26) を解いて，減衰定数と伝搬定数を表す式 (2.28), (2.29) を導け．
[4] 磁気単極子が存在するとすれば，マクスウェルの方程式はどのようになるか考えよ．

第3章 偏光

光は電磁波の一種であり，その実態は電界と磁界の波動である．とくに，この電界と磁界の波面が特定の方向にのみ存在したり偏って存在したりする光を偏光といい，サングラスや液晶ディスプレイなどに広く利用されている．ここでは，偏光の基本的な性質と振舞いを学ぼう．

3.1 直線偏光と楕円偏光

光波は電磁波であり，電界と磁界の振動が空間を伝搬している．通常の光では，電界と磁界はあらゆる方向にランダムに向いているが，特定の方向にのみ電界や磁界が偏っている光もある．この電界の方向が特定の方向に偏っている光を**偏光**（polarized light）という．この偏光には，電界が一平面上を振動する**直線偏光**（linear polarized light）と，振動方向が光の進行に伴って回転する**楕円偏光**（elliptically polarized light）とがある．

一般に偏光では，電界の方向で偏光の方向を定義している．いま，x 方向と y 方向の電界を

$$E_x(z,t) = A_x \cos(\omega t - kz + \phi_x) \tag{3.1}$$

$$E_y(z,t) = A_y \cos(\omega t - kz + \phi_y) \tag{3.2}$$

とする．E_x と E_y の位相差 $\phi_x - \phi_y$ がゼロの場合には，

$$\frac{E_y(z,t)}{E_x(z,t)} = \frac{A_y}{A_x} = \tan\theta \tag{3.3}$$

となり，図 3.1(a) に示すように，光波の電界が

$$\theta = \tan^{-1}\frac{A_y}{A_x} \tag{3.4}$$

で決まる平面上を振動する．このような偏光を直線偏光という．直線偏光では，電界はある特定の方向に沿ってのみ振動する．したがって，座標の取り方を工夫すれば，x

24　第 3 章　偏　　光

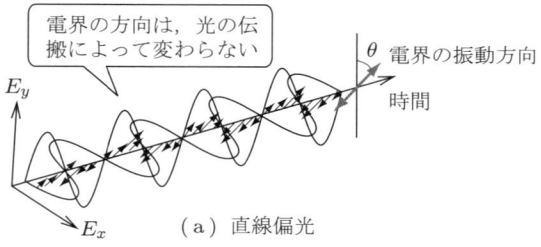

（a）直線偏光

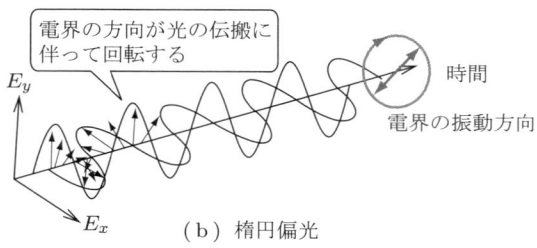

（b）楕円偏光

図 3.1　直線偏光と楕円偏光

方向もしくは y 方向のみに電界が振動するようにもできる．

これに対して，$\phi_x - \phi_y$ がゼロでない場合を考える．いま，簡単のために $\phi_x - \phi_y = \pi/2$ であるとすると，E_x と E_y はそれぞれ

$$E_x(z, t) = A_x \cos(\omega t - kz + \phi_x) \tag{3.5}$$

$$\begin{aligned}
E_y(z, t) &= A_y \cos\left(\omega t - kz + \phi_x - \frac{\pi}{2}\right) \\
&= A_y \sin(\omega t - kz + \phi_x)
\end{aligned} \tag{3.6}$$

となり，この両式から

$$\left(\frac{E_x}{A_x}\right)^2 + \left(\frac{E_y}{A_y}\right)^2 = 1 \tag{3.7}$$

となる．この式は，長軸と短軸が x 軸と y 軸に一致する楕円を表している．

$A_x \neq A_y$ かつ $\phi = \phi_x - \phi_y \neq \pi/2$ という一般的な場合において，電界ベクトルの先端の軌跡を求めると，

$$\left(\frac{E_x}{A_x}\right)^2 + \left(\frac{E_y}{A_y}\right)^2 - \frac{2 E_x E_y}{A_x A_y} \cos\phi = \sin^2\phi \tag{3.8}$$

となる．この式は長軸と短軸が x 軸と y 軸から傾いている，一般的な楕円を表して

いる．

　楕円の形や傾きは，A_x と A_y の比や位相差 ϕ によって決まる．いま，E_x が E_y よりも遅れている場合を考えると，図 3.1(b) に示すように，電界の方向は波の進行とともに，その先端が楕円を描くように回転することがわかる．図 (b) の場合は，電界の方向は進行方向に向かって時計回りに回転している．このように，進行に伴って電界の波面が回転する偏光を楕円偏光という．そして，進行方向に向かって時計方向に回転する場合を**右回り楕円偏光**（right-handed polarized light），逆の場合を**左回り楕円偏光**（left-handed polarized light）とよぶ．また，電界の x 成分と y 成分の大きさ A_x と A_y が等しく，$\phi = \pi/2$ の場合には，電界は円を描くように進むので，とくに**円偏光**（circular polarization of light）とよんでいる．

　直線偏光や楕円偏光では，電界の波面は一定の法則に従って変化しているが，太陽光線や電球からの光は，多くの波面がランダムに共存している．これらは**ランダム偏光**（random polarized light）ともよばれるが，一般的には**自然光**（natural light）もしくは**無偏光**（non polarized light）とよばれている．

3.2　P 偏光と S 偏光

　直線偏光が屈折率の異なる界面に斜めに入射したとき，図 3.2(a) のように電界の振動方向が入射面に平行となる場合と，図 (b) のように垂直になる場合とで，反射率が異なることなどが知られている．電界の振動方向が入射面に平行となる場合の偏光を **S 偏光**（s-polarized light）もしくは **TE 波**（transverse-electric mode）とよび，垂直になる場合を **P 偏光**（p-polarized light）もしくは **TM 波**（transverse-magnetic mode）とよんでいる．

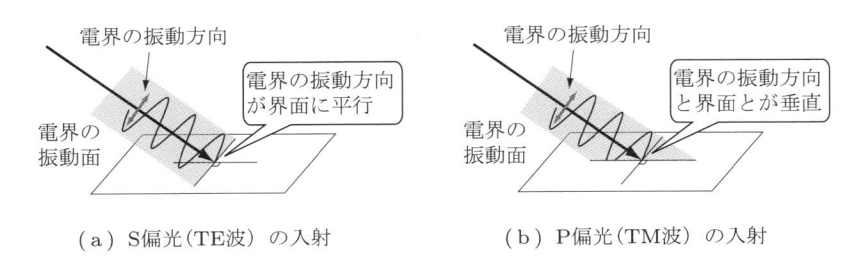

（a）S 偏光（TE 波）の入射　　　　（b）P 偏光（TM 波）の入射

図 3.2　S 偏光と P 偏光

　P 偏光も S 偏光も直線偏光であり，入射する際の界面との関係で P 偏光か S 偏光かが区別される．そのため，界面に垂直に入射する場合や界面と無関係の場合には，P 偏光と S 偏光の区別はなく，どちらも単なる直線偏光となる．

Coffee Break：偏光サングラス（polarized sunglasses）

眼鏡店のサングラスコーナーを覗くと，偏光グラスなどの名称で，偏光板を用いたサングラスが販売されている．このサングラスをかけると，水面などからの反射光によるギラギラがカットされて，水中の魚などが見やすくなる．これは，S 偏光が P 偏光よりも反射率が高いために，水面などで反射した光に S 偏光成分が多く含まれていることを利用しており，偏光板で S 偏光成分を遮断することで，水面などからの反射光をカットするようにしている．

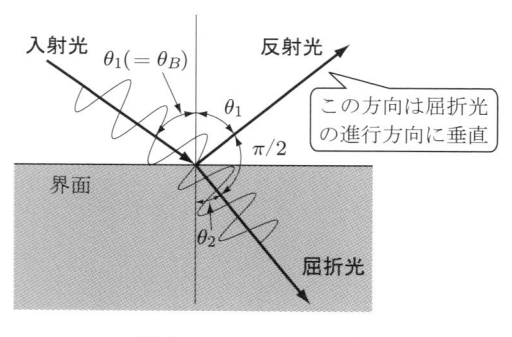

3.3 ブルースター角

P 偏光（TM 波）が屈折率の異なる物体の界面に入射したとき，特定の条件下で反射光がゼロになる現象が生じる．この現象を発見したのはブルースター（Sir David Brewster: 1781–1868）であり，発見者の名前をとって，この現象が生じる角度を**ブルースター角**（Brewster's angle）とよんでいる．

一般に，光が異なる屈折率 n_1, n_2 をもつ物質の界面に入射すると，つぎのスネルの法則に従って屈折する．

$$n_1 \sin\theta_1 = n_2 \sin\theta_2 \tag{3.9}$$

ここで，図 3.3 に示すように，$\theta_1 + \theta_2 = \pi/2$ のときに P 偏光の反射がゼロになり，このときの入射角 $\theta_1 = \theta_B$ をブルースター角という．

いま，屈折角を θ_2 として，入射角 θ_B との間に

$$\theta_2 = \frac{\pi}{2} - \theta_B \tag{3.10}$$

の関係が成り立つとすると，

図 3.3　ブルースター角

$$\tan\theta_B = \frac{n_2}{n_1} \tag{3.11}$$

となる．このとき反射光はゼロとなり，入射した光がすべて物質中に進入することになる．

　ブリュースター角で反射がゼロになる理由は，以下のように説明できる．P偏光が界面に入射し，$\theta_1 + \theta_2 = \pi/2$ の関係が成り立つと，図3.3に示すように，反射波は屈折して進入した波と垂直な方向に進むことになる．P偏光が平面波なら，屈折して進入した波の進行方向と垂直な方向には進行波の成分が存在せず，この方向への反射波が存在しなくなる．その結果，入射した光は反射することなく，すべて透過することになる．反射率をゼロにできるこの現象は，ガスレーザの出射窓口など，光を取り出す場面で幅広く応用されている．

演 習 問 題

[1] 空気中から屈折率1.5の結晶中に光が入射角13°で入射した．屈折角を求めよ．
[2] 式 (3.1), (3.2) から式 (3.8) を導け．
[3] 左回りの楕円偏光をつくるにはどうすればよいか．
[4] 直線偏光は，たがいに逆回転する二つの円偏光に分解できることを示せ．
[5] 空気の屈折率を1.0，水の屈折率を1.3として，空気から水に光を入射する際のブリュースター角を求めよ．

第4章　光導波路と光ファイバ

インターネットの急速な普及により，各家庭にも光ファイバ網が行き届きつつある．光ファイバ（optical fiber）は従来の同軸ケーブルよりも帯域が広いことや，電磁誘導の影響を受けないこと，軽量なことなどから，1980年代半ばから光ファイバ網が普及し始め，現在では電話，インターネットはもとより，ケーブルテレビの配信など，光ファイバは情報通信の根幹を支える要素の一つになっている．ここでは光を導く**光導波路**（optical waveguide）と光ファイバの原理と構造を学ぼう．

4.1　スラブ導波路中の光の伝搬

空間中を進む光は散乱による広がりなどで減衰するため，そのままでは遠くまで届かない．光を遠くまで届けるためには，光が減衰しないように，損失の少ない材料の中に閉じこめる必要がある．その目的のために考えられたのが光導波路である．

図 4.1 に，基本的な導波路である**スラブ導波路**（slab waveguide）の構造を示す．光導波路は，光を導く屈折率の高い**導波層**（core）を，導波層よりも屈折率の小さな**クラッド層**（clad）と基板で挟んだ構造をしており，図 4.2 に示すように，光は導波層の界面で全反射を繰り返しながら伝搬する．

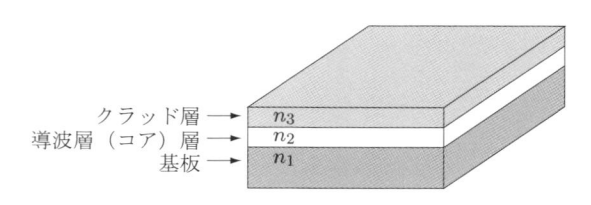

図 4.1　スラブ導波路の概要

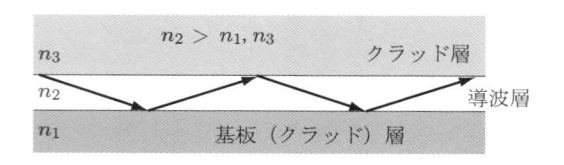

図 4.2　全反射で導波層を伝搬する光

いま，図 4.3 に示すように，導波路の端面から光を導波路内に導くことを考える．導波路端面では，光は全反射することなく導波層に導入されなければならない．スネルの法則より

$$n_0 \sin\theta_i = n_2 \sin\theta_o \tag{4.1}$$

の関係が成り立つので，入射角 θ_i は

$$\theta_c = \theta_i = \sin^{-1}\frac{n_2}{n_0}$$

$$\sin\theta_i = \frac{n_2}{n_0}\sin\theta_o \tag{4.2}$$

である必要がある．

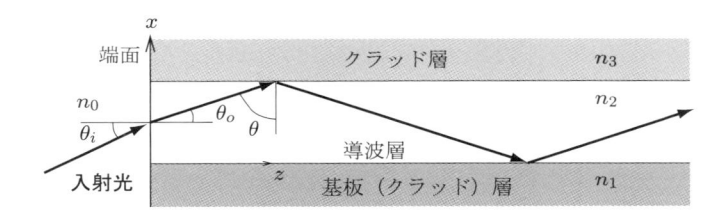

図 4.3 導波路内への光の導入と伝搬

図 4.3 より $\theta_o = \pi/2 - \theta$ であるので，

$$n_2 \sin\theta_o = n_2 \sin\left(\frac{\pi}{2} - \theta\right) = n_2 \cos\theta \tag{4.3}$$

の関係が得られる．

また，導波層界面で全反射する必要があるから，導波路と基板，クラッド層との界面での反射角 θ は，基板との界面の全反射角 $\sin^{-1}(n_1/n_2)$ もしくはクラッド層との界面の全反射角 $\sin^{-1}(n_3/n_2)$ のどちらよりも大きくなければならない．その大きい方の臨界角を θ_c とすると $\theta_c > \theta$ なので，式 (4.3) より，

$$n_2 \sin\left(\frac{\pi}{2} - \theta\right) = n_2 \cos\theta < n_2 \cos\theta_c \tag{4.4}$$

が得られる．この関係から，入射角 θ_i の最大値で定義される**開口数**（numerical aperture, NA）が次のように求められる．

$$NA = n_2 \sin\left(\frac{\pi}{2} - \theta_c\right) = n_2 \cos\theta_c \tag{4.5}$$

Coffee Break：光コンピューティングと光コンピュータ

電気信号ではなく，光を用いて情報処理を行う技術を**光コンピューティング**（optical computing）とよぶ．光で情報処理を行うことで，①従来の電気信号に比べて周波数が桁違いに大きく，高速処理が可能となる，②3次元空間を自由に伝搬できるため，並列処理が可能となる，③電気信号とは異なり，電磁雑音に強い，などの多くの利点がある．光論理素子や光分子メモリ，光変調素子などの要素デバイス（ハード）や，情報伝送や情報処理法（ソフト）の開発が進めば，桁違いの性能をもつ**光コンピュータ**（optical computer）が実現するものと期待される．

4.2　導波モード

前項で光が導波路に導入される条件が得られたが，導入された光が伝搬していくには，さらにもう一つの条件を満たす必要が出てくる．導入された光が伝搬するには，光が波長や導波路の形状などで決まる一定の離散的な伝搬角 θ をもつ必要がある．この特定の伝搬する光の状態を**導波モード**（guided mode）とよぶ．この導波モードが生じるのは，光が波の性質をもっているために，界面で反射を繰り返すことで，定在波が形成されることに起因する．

いま，図 4.4 のように導波光が上側の界面で反射したとすると，界面への入射波の波面と，界面からの反射波の波面が干渉して定在波が生じる．反射波はさらに下側の界面で反射して，再び定在波をつくる．上側の界面での反射による定在波と下側の界面での反射による定在波が一致しなければ光は伝搬しないが，それらが一致すれば光は伝搬する．この定在波が一致する波が導波モードなのである．

伝搬モードの光の様子を，ほかの視点からもみてみよう．入射光の波面は上側の界面で反射した後もそのまま進み，図 4.5 に示すように，反射波が下側の界面で反射した波の波面と重なることになる．その際，入射波と 2 回反射した反射波との波面が一

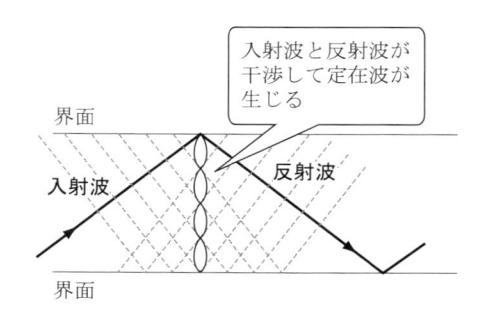

図 4.4　界面での反射による定在波

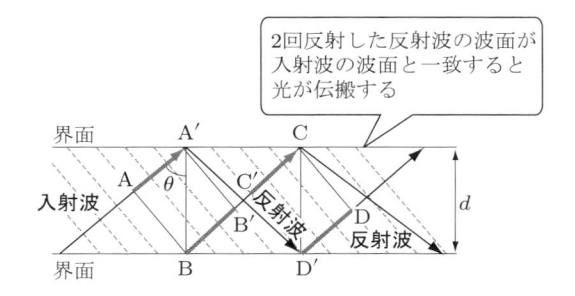

図 4.5 導波モードでは入射波と 2 回反射した波の波面が一致

致する場合には導波モードとなって光が伝搬するが，一致しない場合はたがいに弱め合って急速に減衰し，伝搬しない．

この様子をもう少し詳しくみてみよう．いま，波面 A–B をもつ，やや幅の広がった平面波が導波路内に入射したとする．波面 A–B の点 A から進んだ波は点 A′ で全反射されるが，点 B から進んだ波は点 B′ を通ってそのまま進行する．点 A′ で全反射した波は，点 D′ で再び全反射し，点 B′ から進んだ波とで波面 C′–D′ を形成し，そのまま C–D に進む．

このように，波面 A–B が波面 C–D に進んだのであるが，点 A は A→A′→D′→D と進むのに対して，点 B は B→B′→C′→C と進むことになる．この二つの光路の差は，A′–D′ と B′–C′ との差に等しい．したがって，C′–D′ の波面で同じ位相になるには，この光路の差が波長の整数倍でなければならない．

反射角を θ，導波路の厚さを d とすると，A′–D′ と B′–C′ との差は B–C と B′–C′ との差に等しく，それは B–B′ (= C′–C) の 2 倍に等しくなるので，

$$\frac{\text{A–A}'}{d} = \cos\theta \tag{4.6}$$
$$\text{A–A}' = d\cos\theta = \text{B–B}' = \text{C–C}'$$

となる．したがって，A′–D′ と B′–C′ との差 Φ は

$$\Phi = 2d\cos\theta \tag{4.7}$$

となる．

この光路の差が光の波長の正数倍のときに両方の波面が一致するから，その条件は

$$m\lambda = \Phi = 2d\cos\theta \tag{4.8}$$

となる．ここで，$m = 0, 1, 2, 3, 4, \cdots$ である．

全反射の際に，グース・ヘンシェンシフトによる反射面の変異 δ を考慮すると，

$$m\lambda = 2d\cos\theta + 2\delta \tag{4.9}$$

となる．それぞれの m の値に対して，この条件を満たす波長や反射角の光だけが導波路内を伝搬することになる．$m = 0$ の導波モードを**基本モード**（fundamental mode），m が小さいモードを**低次モード**（lower order mode），m が大きい導波モードを**高次モード**（higher order mode）とよんでいる．一般に，導波路の厚さが薄くなると，伝搬する m の最大値は徐々に小さくなり，やがて $m = 0$ の場合しか伝搬しなくなる．さらに導波路の厚さが薄くなると，基本モードすら伝搬しなくなる．それぞれのモードが伝搬できなくなることを**カットオフ**（cutoff）という．

4.3 光ファイバ中の光の伝搬

前節ではスラブ導波路を取り上げたが，電話回線やデータ回線などでは，現実には光ファイバが広く用いられている．図 4.6(a) に基本的な光ファイバの構造を示す．光導波路の場合と同様に，光を通す屈折率の高いコアが，それよりも屈折率の低いクラッドで包まれており，光はコアとクラッドの界面で全反射を繰り返しながら伝搬する．

（a）単モードファイバ　　（b）多モードファイバ

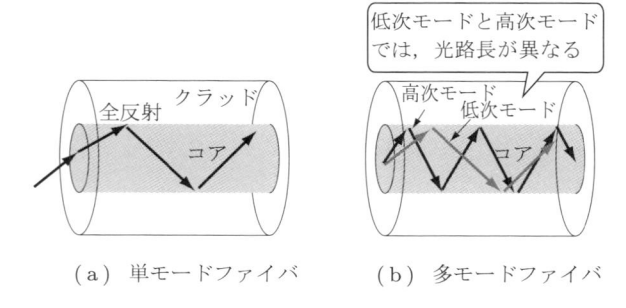

図 4.6　光ファイバ中の光の伝搬

また，光に信号を乗せて遠方に届けるには，光に乗せた波形が電送中も保たれる必要がある．光ファイバには，コア径が数 μm と細く，基本モードのみが伝搬できる**単一モードファイバ**（single mode fiber）と，コア径が大きく，いくつかのモードが伝搬できる**多モードファイバ**（multi mode fiber）がある．単一モードファイバは伝搬するモードが決まっているので，遠方まで信号を送っても光信号の形が崩れにくい．それに比べて，多モードファイバの場合は，図 4.6(b) に示すように異なる導波モードの光で光路長が異なるため，目的地に届くまでの時間が異なってしまう．その結果，図 4.7(b)

4.3 光ファイバ中の光の伝搬

(a) 単一モードファイバ — スタート → 形が崩れにくい

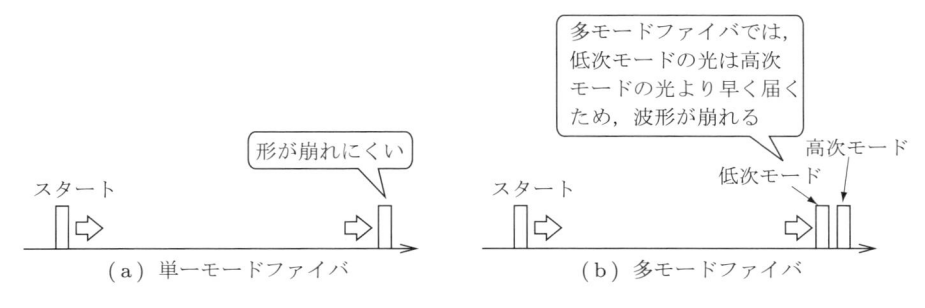

(b) 多モードファイバ — スタート → 低次モード・高次モード（多モードファイバでは，低次モードの光は高次モードの光より早く届くため，波形が崩れる）

図 4.7　モード分散

のように波形が崩れて伝送距離を長くすることができない．このように，モードの違いによって信号の到達時間が異なることを**モード分散**（mode dispersion）という．

また，単一モードファイバにしなくても，モードの違いによる到達時間の差が生じないように工夫されたファイバが**グレーデッドインデックスファイバ**（graded index optical fiber，GRIN ファイバ）である．GRIN ファイバは，コアからクラッドへと屈折率が徐々に変化するようにつくられている．光は屈折率の大きいコアよりでは遅く，逆に屈折率の小さいクラッドでは速く伝搬する．そのため，図 4.8 に示すように，反射角の小さい高次モードの光は速く伝搬し，反射角の大きい低次モードの伝搬速度は遅くなる．その結果，光路の差がキャンセルされて，高次モードも低次モードもモードの違いによる到達時間の差がなくなり，モード間の周期が同じとなって，モード分散が生じにくくなっている．

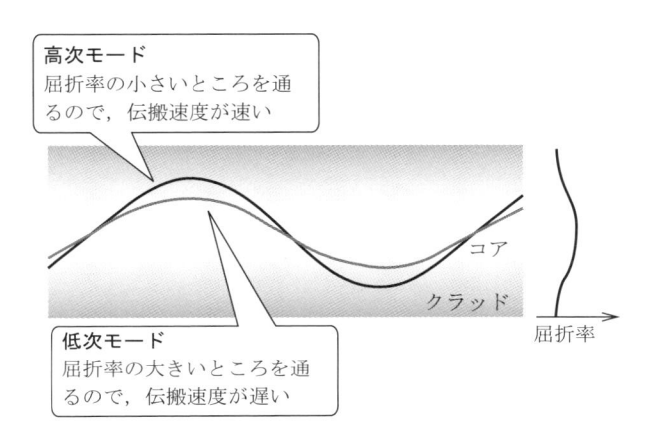

図 4.8　GRIN ファイバ中の光の伝搬

- 高次モード：屈折率の小さいところを通るので，伝搬速度が速い
- 低次モード：屈折率の大きいところを通るので，伝搬速度が遅い

光ファイバの導波機構の解析も基本的にはスラブ導波路と同じであるが，その幾何学的な構造から，光ファイバでは直角座標ではなく円筒座標が用いられる点が異なる．直角座標 $\boldsymbol{E}(x,y,z,t)$ で表された電界成分は，円筒座標では $\boldsymbol{E}(r,\theta,z,t)$ と表される．ここで，r は半径方向の座標であり，θ はファイバ断面と導波光の角度，z は進行方向の座標である．この電界を，断面内の成分と伝搬方向の成分に分けて解くことになる．詳細は巻末の参考文献を参照してほしい．

Coffee Break：光ファイバの製法

光通信に用いる光ファイバは，コア径が数 μm ときわめて細くなっている．このような細い光ファイバはどのようにしてつくられるのであろうか．まず，母材とよばれる直径数 cm〜数十 cm の太鼓状のファイバをつくる（図 4.9）．この母材を縦にして電気炉で 2000°C 程度まで加熱すると，母材が溶けて糸状に垂れてくる．そして，この垂れてきた糸状のファイバを巻き取って皮膜を施すと光ファイバができ上がる．

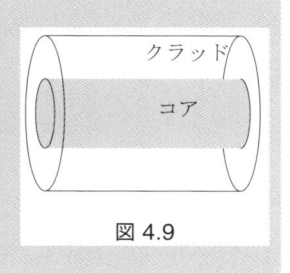

図 4.9

演習問題

[1] 光導波路のコアの屈折率を 1.2，クラッド層の屈折率を 1.1 として，開口数 NA を求めよ．
[2] 水中から水面へ光を投射した際の全反射角を求めよ．ただし，水の屈折率を 1.3 とする．
[3] 光導波路の導波層が薄くなると高次のモードからカットオフが生じることを説明せよ．

第5章 レーザ光

　レーザから発する光は，数 km 先の物体を照らし出したり，きわめて高い単色性によって理論限界近くまで小さく集光できたりと，自然光とは大きく異なる特徴をもつ．このレーザ光は自然界では決して発生することはなく，人類が創り出したまったく新しい光である．ここでは，このレーザ光の性質について概観しよう．

5.1　自然光とレーザ光

　自然光とは，太陽から降り注ぐ光や，ローソクの光や白熱電灯，蛍光灯，そして LED 電球などから発する光であり，その光の周波数分布（**発光スペクトル**（emission spectrum））は，図 5.1 のようになだらかに分布している．それに対して，レーザ光は，図 5.2 に示すように発光波長は単一で，1 本の線スペクトルで表される．レーザ光が自然界に存在する光ともっとも異なるのはこの単色性であり，この単色性にもとづく種々の特異な振舞いが現れる．

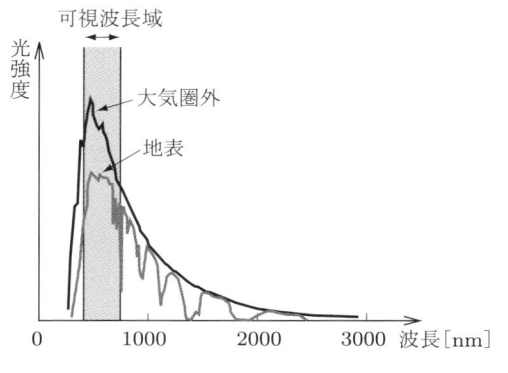

図 5.1　太陽光の波長分布（スペクトル）

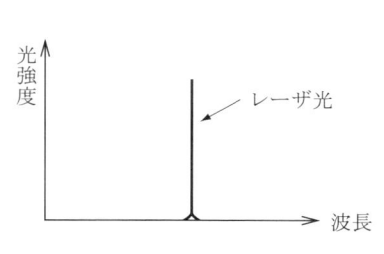

図 5.2　レーザ光のスペクトル

5.2 レーザ光の特徴

5.2.1 単色性

　レーザ光のスペクトルは1本の線で表され，波長，周波数とも単一となる．自然光では波長によって媒質中の進行速度や屈折率などが異なる**波長分散**（chromatic dispersion）とよばれる現象のために，レンズで集光しようとしても，図5.3に示すように，1点に集光することができない．それに対して，レーザ光は波長が単一なので波長分散が生じず，光を1点に集光することが可能となる．

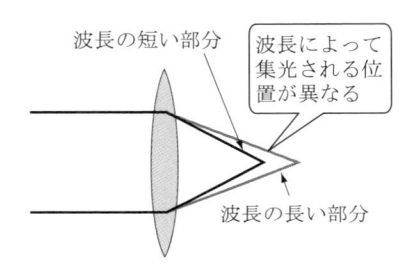

図5.3　波長による集光位置の違い

Plus α：回折限界と光リソグラフィー

　レーザ光をレンズで集光するとほぼ1点に集光できるが，実際には1点にならず，集光した点は光の波長程度の広がりをもってしまう．これは光自身の回折現象によるもので，理論的に避けることができない．これを**回折限界**（diffraction limit）とよんでいる．半導体集積回路のパターンを焼き付ける**光リソグラフィー**（photolithography）の際に，波長の短い**紫外線**（ultraviolet）を用いるのも，回折限界を小さくするためである．

5.2.2 指向性

　$\Psi = A\cos(\omega t - kz)$ で表される純粋な平面波は，z方向にのみ伝搬し，x方向やy方向には広がらない．それに対して，白熱電球の光のような自然光は位相がランダムで，進行方向も四方八方に伝搬する．レーザ光は平面波に近く，位相もそろっているため，遠くに向けて照射してもあまり広がらない．図5.4に，伝搬方向に対する光の広がりを示す．純粋な平面波では1方向のみに光の強度が集中している．レーザ光は厳密には平面波ではなく，**ガウス分布**（Gaussian distribution）とよばれる分布をしており，わずかに広がっている．それに対して，白熱電灯からの自然光は幅広く分布している．

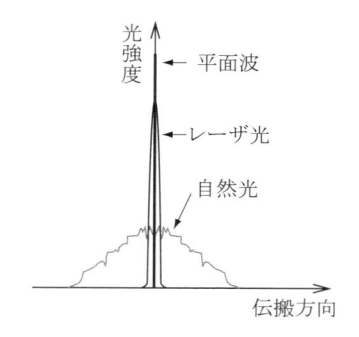

図 5.4　伝搬方向に対する光の広がり

5.2.3　可干渉性

レーザ光のもっとも大きな特徴は**可干渉性**（coherence）であり，コヒーレンス性ともよばれる．以下では，この可干渉性について説明しよう．

いま，図 5.5(a) に示すように，2本のS偏光 $\bm{E}_1$, $\bm{E}_2$ が角度 2θ で交わるように入射しているとする．空間上でそれぞれの電界の位相が同相となって強くなる場所を○で，逆に位相が逆になって弱くなる場所を●で示している．

この空間内のある面上での光の強度を観測すると，図 (b) に示すように周期的に変化することがわかる．この周期的な光の強弱が干渉縞である．強弱の周期 Λ は光の波長を λ として，

$$\Lambda = \frac{\lambda}{2\sin\theta} \tag{5.1}$$

となる．

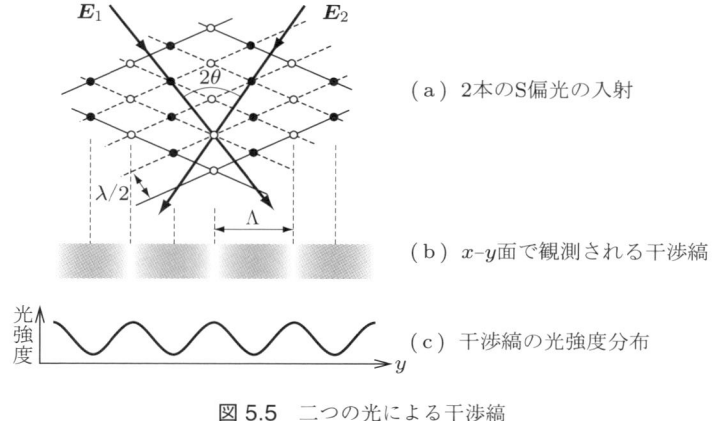

図 5.5　二つの光による干渉縞

この干渉縞上の光の強度分布を示したものが図 (c) である．この強弱の度合いを示すのが可干渉性であり，強弱が大きいほど可干渉性が高いという．この干渉性の高さを表す指標に，**可視度**（visibility）がある．可視度は，干渉縞の光の強度の最大値 $I_{\max}$ と最小値 $I_{\min}$ を用いて，

$$V = \frac{I_{\max} - I_{\min}}{I_{\max} + I_{\min}} \tag{5.2}$$

と定義される．完全な可干渉性をもつ二つの光がつくる干渉縞では $I_{\min} = 0$ となって，可視度は $V = 1$ となる．

可干渉性には，空間的に離れた2点間の可干渉性を示す**空間的コヒーレンス**（spatial coherence）と，同じ場所である時間差をもつ光の間の可干渉性を示す**時間的コヒーレンス**（temporal coherence）の二つがある．空間的コヒーレンスは，図 5.6 に示すように，同じ光源から発した光を，空間的に離れた2点間で干渉させた場合の可干渉性である．これに対して時間的コヒーレンスは，図 5.7 に示すように，光源からの光を同じ場所で観測した場合に，時間的に異なった部分の間の可干渉性を示している．

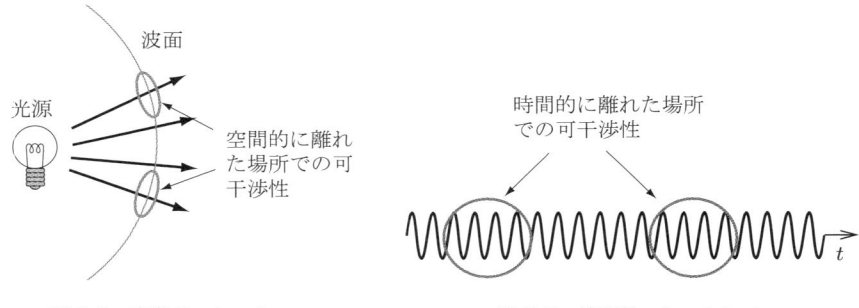

図 5.6　空間的コヒーレンス　　　　図 5.7　時間的コヒーレンス

5.2.4　スペックル

レーザ光を紙や壁面などの粗面に当てたときに，図 5.8 に示すようなギラギラと輝く特有の斑点模様が観測される．これを**スペックル**（speckle）もしくは**スペックルパターン**（speckle pattern）とよんでいる．スペックルパターンは干渉性の高いレーザ光が粗面でランダムに散乱されて，位相の異なる部分が重なり合うことによって，明点と暗点が生じることによって観測される．

スペックルパターンは，レーザ光が当たる対象物の表面の形状や粗さなどの状態を反映して変化する．また，対象物が移動するとスペックルパターンも移動する．これらの性質を利用して対象物の表面粗さの測定や速度の非接触計測へ応用が模索され，

図 5.8 He-Ne レーザのスペックルパターン

レーザ光を生体に当てた際のスペックルパターンから，網膜の血流を測定する血流計が実用化されている．

---**Plus α：干渉縞と回折格子**---

分光器（spectrometer）の心臓部に用いる**回折格子**（grating）には，光の波長よりも小さな周期で縞模様が形成されているものもある．光の波長よりも間隔が小さいので，この縞模様を光で直接焼き付けることができない．そこで，紫外線レーザ光を二つのビームに分岐して再び重ね合わせて干渉させ，もとの紫外線の波長よりも小さい周期の干渉縞をつくって焼き付ける手法をとっている．

演習問題

[1] 1969 年にアポロ 11 号が初めて人類を月面に送り込み，地球と月との距離を正確に測るための反射鏡を月面に設置した．いま，地球上からレーザ光を月面に向けて照射すると，レーザ光は月面でどのくらいの大きさに広がるか．レーザ光の広がりは 10^{-4} [rad] 程度で，地球と月との距離は約 38 万 [km] とする．

[2] 前問で，地球と月をレーザ光が 1 往復するのにかかる時間を求めよ．

[3] He-Ne レーザ（波長 $\lambda = 632.8$ [nm]）の光を使って周期 600 [nm] の干渉縞を発生させたい．どうすればよいか．

[4] 干渉縞の強度の最大値が 1.6，最小値が 0.2 であった．可視度はいくらになるか．

第6章 レーザ光の発生

自然光の多くは物体を熱した際の熱放射によって生じるのに対して，レーザ光は電子の準位間の移動によって発生している．ここでは，自然光がもっていないさまざまな特長をもつレーザ光が，どのようにして発生するのかについて学ぼう．

6.1 光と物質の相互作用

光が固体や気体，液体などの物質中に入射すると，物質との間でさまざまな相互作用をする．どのような相互作用をするかは，入射する光のエネルギーとその物質のエネルギー構造によって決まる．光子のエネルギーは，**プランク定数**（Planck's constant）h を用いて次式で表される．

$$E = h\nu = h\frac{c}{\lambda} \tag{6.1}$$

ここで，ν は光の振動数，c は光速度，λ は波長である．一つの光子がこのエネルギーをもつので，単位体積当たりの光のエネルギー P は，光子密度を S として

$$P = Sh\nu \tag{6.2}$$

となる．

いま，図 6.1(a) に示すようなエネルギー構造をもつ物質に，$E_2 - E_1$ のエネルギーの光が入射したとする．このときの関係は，次式の**ボルツマン分布**（Boltzmann distribution）で表すことができる．

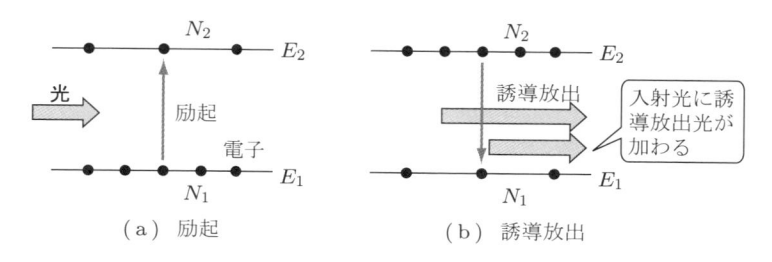

図 6.1 入射光による電子の励起と誘導放出

$$\frac{N_2}{N_1} = \exp\left(-\frac{E_2 - E_1}{kT}\right) \tag{6.3}$$

ここで，E_1, N_1, E_2, N_2 はそれぞれ下位のエネルギー準位と電子密度，および上位のエネルギー準位と電子密度を表している．また，k はボルツマン定数，T は温度である．$E_2 > E_1$ であるので，exp の括弧内は負となり，exp の項は 1 よりも小さくなる．その結果，$N_1 > N_2$ となり，下位の準位の電子密度は上位の準位の電子密度よりも常に大きくなる．そのため，入射した光は，下位のエネルギー準位の電子にエネルギーを与えて消滅し，エネルギーをもらった電子は上位のエネルギー準位へ**遷移**（transition）する確率が大きくなる．この過程を**励起**（excitation）という．

これとは逆に，図 6.1(b) のように，上位の準位の電子密度が下位の電子密度よりも大きい状況が生じれば，入射光は上位の準位の電子と相互作用する確率が高くなる．入射光が上位の準位の電子と相互作用すると，上位の準位の電子は下位の準位へ叩き落とされる．その際，入射光はエネルギーを失わずにそのまま進む．それに加えて，上位の準位と下位の準位のエネルギー差に相当する光を新たに発生させる．発生した光は，入射光とまったく同じ周波数と位相をもっており，あたかも入射光が増幅されたように見える．この過程は**誘導放出**（stimulated emission）とよばれ，レーザ動作の基本となる相互作用である．

誘導放出を生じさせるには，上位の準位の電子密度が下位の準位よりも大きい**反転分布**（population inversion）の状態をつくる必要がある．$E_2 > E_1$, $k > 0$ なので，$N_2 > N_1$ とするには T が負になればよい．実際に温度が負になるわけではないが，この状態のことを**負温度の状態**（negative temperature state）といい，自然界では決して生じない状態である．この励起と誘導放出とは，光が物質に入射する点ではまったく同じであり，励起と誘導放出のどちらが主として生じるかは，上位と下位の準位の電子密度のどちらが大きいかで決まることになる．

Plus α：吸収スペクトル

気体中を光が通過すると，その気体の電子の準位のエネルギー差に相当するエネルギーの光が吸収され，そのほかのエネルギーの光は通過する．太陽のような高温の物体からは連続的なエネルギーをもつ光が放出されているから，太陽からの光を分光して，特定のエネルギーの光が欠けていれば，太陽から地球までの間にそのエネルギーの光を吸収する気体が存在すると考えられる．このようなスペクトルを**吸収スペクトル**（absorption spectrum）といい，化学分析だけでなく，天文学などにも広く応用されている．

Coffee Break：レーザと高等生物

　レーザ光は「負温度の状態」という，自然界では決して存在しない状態から発生する人工的な光である．人類は，この人類しか扱うことのできない光を使って，情報の記録や加工，計測など，多くのことを実現してきた．あなたが夜空を眺めて，遠くの星からの光を調べて，それがレーザ光線だとわかれば，その星には間違いなく高等生物がいるだろう．レーザ光の存在は，高等生物の存在の証にもなるのである．

6.2　反転分布と光増幅

　レーザ動作を実現するためには，吸収よりも誘導放出を大きくする必要があり，物質内に反転分布の状態をつくる必要がでてくる．このためには，上位の準位に電子を絶え間なく入れ続ける必要がある．上位の準位に電子を入れることを，水を汲み上げるポンプになぞらえて**ポンピング**（pumping）という．もっとも一般的なポンピングは，外部から強烈な光（ポンピング光）を物質に照射して，下位の準位の電子を上位の準位に励起する方法である．しかし，下位の準位と上位の準位の二つの準位だと，励起によって上位の準位の電子が増えると，それに伴って誘導放出の割合が増加して，上位の準位の電子を下位の準位に遷移させるため，上位の準位の電子密度をある一定以上にすることができず，反転分布をつくることができない．

　上位の準位の電子が誘導放出によって失われることを避けて反転分布を起こすためには，三つの準位もしくは四つの準位を利用することになる．図 6.2 に，四つの準位を使って反転分布をつくる場合を示す．

　まず，ポンピング光により E_1 準位の電子を E_4 準位に励起する．E_4 準位の電子は寿命が短く，励起された電子はすぐに E_3 準位に遷移する．一方，E_3 準位の電子の寿

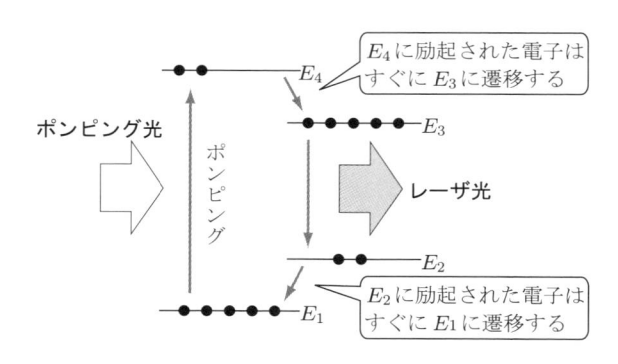

図 6.2　4 準位による反転分布

命は E_4 準位に比べてずっと長くなっており，E_3 準位には電子が長く留まることができる．十分時間が経った後に，E_3 準位から E_2 準位に発光を伴って遷移した電子は，E_2 準位の寿命が短いために素早く E_1 準位へ遷移する．これらの過程の結果，エネルギーが高い E_3 準位には電子が多く留まっており，エネルギーが低い E_2 準位には電子がほとんどない状態になり，この E_3 準位と E_2 準位との間で反転分布が実現することになる．

四つの電子のエネルギー準位を使って反転分布をつくっているので，この機構を使ったレーザを **4 準位レーザ**（four level laser）とよんでいる．

4 準位レーザでは，上位と下位にそれぞれ二つの準位を用いたが，どちらかを一つの準位にしても反転分布をつくることができる．これを **3 準位レーザ**（three level laser）という．図 6.3 に，下位の準位が一つである 3 準位レーザを示す．

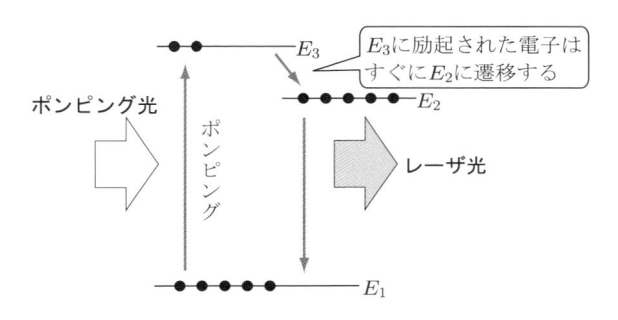

図 6.3　3 準位による反転分布

ポンピングによって E_3 準位に励起された電子はすぐに E_2 準位に遷移するため，E_1 準位と E_3 準位との間で誘導放出はほとんど生じない．その結果，E_2 準位と E_1 準位との間に反転分布が生じて誘導放出が起こる．この 3 準位レーザの場合は，E_1 準位にも多くの電子が存在するため，反転分布をつくるためには，ポンピングで E_3 準位に多くの電子を励起する必要がある．そのため，3 準位レーザのポンピングの効率は 4 準位レーザよりも悪くなる．

Coffee Break：最初のレーザ

1960 年に，アメリカのヒューズ研究所のメイマン（Theodore Harold Maiman: 1927–2007）が世界初のレーザ発振に成功した．発振したレーザは閃光放電管で合成ルビーを励起するもので，波長 694 [nm] の赤色の光を出すことができた．しかし，このレーザは 3 準位レーザで効率が悪く，パルス発振しかできなかった．

6.3 レーザ動作

6.3.1 光子の増幅

レーザ動作を実現するためには，反転分布状態を実現させて光を増幅する必要がある．いま，媒質中にエネルギーが $h\nu$ の光子が密度 S で存在するとする．この光の光強度 I は，

$$I = \frac{c}{n} S h \nu \tag{6.4}$$

と表される．ここで，n は媒質の屈折率，c は真空中の光速度である．媒質中のエネルギーの高い準位 E_2 にある電子密度を N_2 とすると，誘導放出で発生する光子の数は

$$N_2 S B \tag{6.5}$$

となる．ここで，B は誘導放出が生じる確率であり，単位時間に 1 個の光子が誘導放出を起こす確率である．

また逆に，エネルギーの低い準位 E_1 から高い準位 E_2 に励起される電子数は

$$N_1 S B \tag{6.6}$$

となる．ここで，N_1 は下位の準位 E_1 にある電子密度である．

単位体積当たりに発生する光強度 P は，式 (6.5) から式 (6.6) を減じ，光子のエネルギー $h\nu$ を乗じて

$$P = (N_2 - N_1) S B h \nu \tag{6.7}$$

となる．この式は，光が単位長さ進んだときの光強度の増加率を表しているので，光が Δz 進む間の光強度の増加は ΔI は

$$\Delta I = P \Delta z \tag{6.8}$$

となる．この式に式 (6.4) と式 (6.7) を代入すると

$$\frac{c}{n} h \nu \Delta S = (N_2 - N_1) S B h \nu \Delta z \tag{6.9}$$

となり，次式が得られる．

$$\frac{\Delta S}{\Delta z} = \frac{n}{c} (N_2 - N_1) S B \tag{6.10}$$

この式を解くことによって，光子密度 S の変化の様子を知ることができる．式 (6.10)

を変形して積分すると，

$$\frac{\Delta S}{S} = \frac{n}{c}(N_2 - N_1)B\Delta z \tag{6.11}$$

より，

$$\ln S = \frac{n}{c}(N_2 - N_1)Bz + C$$
$$S = \exp C \cdot \exp\left\{\frac{n}{c}(N_2 - N_1)Bz\right\} \tag{6.12}$$

となる．$z = 0$ で $S = S(0)$ とすると，

$$S = S(0)\exp\left\{\frac{n}{c}(N_2 - N_1)Bz\right\} = S(0)\exp\gamma z \tag{6.13}$$

が得られる．ここで，γ は

$$\gamma = \frac{n}{c}(N_2 - N_1)B \tag{6.14}$$

であり，**パワー利得係数**（power gain factor）とよばれ，光子の増幅の様子を表している．いま，$N_2 - N_1 > 0$ なら光子が増幅され，逆に $N_2 - N_1 < 0$ なら減衰することになる．

Coffee Break：アインシュタインとレーザ

1917 年にアインシュタイン（Albert Einstein: 1879–1955）は，論文「*Zur Quantentheorie der Strahlung*（放射の量子論）」で電磁放射の吸収，自然放出，誘導放出について，マックス・プランク（Max Karl Ernst Ludwig Planck: 1858–1947）の輻射公式から新たな公式を導き出した．このときの成果は，自然放出と誘導放出の確率係数（アインシュタインの A 係数，B 係数）として残っている．相対性理論で有名なアインシュタインであるが，実に幅広い成果を上げていることには，いまさらながら驚かされる．

6.3.2 発振条件

図 6.4 で示すように，レーザは光増幅を担う媒質と，レーザ光を媒質中で往復させる反射鏡で構成される共振器からなっている．光はレーザ媒質中を進む際に増幅率 γ で増幅されると同時に，吸収や散乱を受けて減衰率 α で減衰する．媒質の端まで進んだ光は，端面に設置された反射鏡で反射されて反対側の端まで進み，再び反射される．これを繰り返して光は徐々に増幅されて，レーザ発振にいたる．このように，2 枚の反射鏡を向かい合わせに配置した共振器を**ファブリ–ペロ型共振器**（Fabry-Perot resonator）とよび，共振器の鏡で挟まれた部分を**キャビティ**（cabity），鏡の間隔をキャ

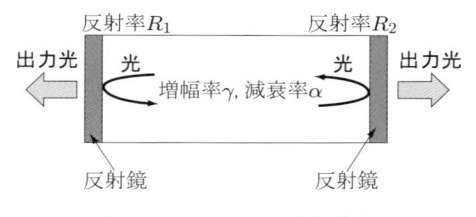

図 6.4 レーザの基本的構成

ビティ長（cabity length）という．

光が媒質中を進んだとき，増幅率 γ と減衰率 α の差（$\gamma - \alpha$）が正ならば光は増幅され，逆に負なら減衰する．その変化率は

$$\exp\{(\gamma - \alpha)z\} \tag{6.15}$$

となる．反射鏡の反射率を R_1, R_2，反射鏡間の距離を L とすると，光が反射鏡間を1往復する間の増幅率は

$$\exp\{2(\gamma - \alpha)L\} R_1 R_2 \tag{6.16}$$

となる．ここで，式 (6.16) の値が 1 になれば，光は減衰することなく定常的にキャビティ内に存在することになる．すなわち，

$$\exp\{2(\gamma - \alpha)L\} R_1 R_2 = 1 \tag{6.17}$$

が光強度におけるレーザ動作の条件となる．

それに加えて，光がキャビティを1往復してもどったときに，もとの波と同位相で重なり合う必要がある．この条件は，共振器長を L，光の媒質中の波長を λ，屈折率を n とすると，

$$2nL = m\lambda \tag{6.18}$$

と書ける．ここで，m は整数である．

レーザの反射鏡間の距離は，数十 cm から 1 m 程度であり，光の波長は数 100 nm なので，m の値は図 6.5 に示すように非常に大きな値となり，通常 $10^5 \sim 10^6$ 程度となる．その結果，式 (6.18) を満たす λ と m にはいくつもの組合せが存在する．それらの組合せのうちで，式 (6.17) を満たして光増幅が可能な組合せがレーザ発振する．その結果，図 6.6 に示すようにいくつかの接近した数本の波長でレーザが動作しているのを見ることができる．これをレーザの**軸モード**（axial mode）もしくは**縦モード**（longitudinal mode）とよぶ．隣り合う軸モードの波長間隔は，式 (6.18) より

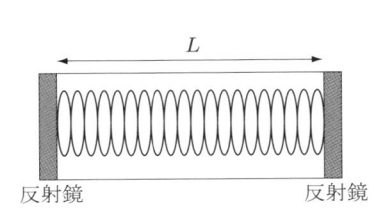

図 6.5 共振器内光の往復

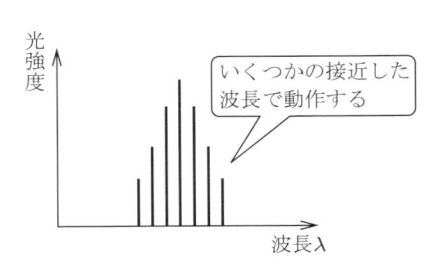

図 6.6 レーザの軸モード

$$\Delta\lambda = \lambda(m) - \lambda(m+1) = 2nL\left(\frac{1}{m} - \frac{1}{m+1}\right)$$

$$= 2nL\frac{1}{m(m+1)}$$

$$\simeq \frac{\lambda^2}{2nL} \tag{6.19}$$

と求められる．この式の屈折率 n には，次式で示されるような，波長による分散を考慮した**実効屈折率**（effective refractive index）

$$n_{eff} = n\left(1 - \frac{\lambda_0}{n}\frac{\partial n}{\partial \lambda}\bigg|_{\lambda=\lambda_0}\right) \tag{6.20}$$

を用いる．ここで，λ_0 は真空中での光の波長である．

演 習 問 題

[1] 室温で熱平衡の物体が，700 [nm] の自然放出光を放射している．ボルツマン分布をしているものとして，上位の準位と下位の準位の電子数の比を求めよ．

[2] 物質に光が入射した際に，入射光のエネルギーと電子の準位間のエネルギーが異なる場合はどのようなことが起こるか．

[3] 2 準位レーザは実現できない．その理由を説明せよ．

[4] 反射鏡の間隔が 15 [cm] の He-Ne レーザ（波長 $\lambda = 632.8$ [nm]）がある．反射鏡間に何波長入るか．

第7章 各種レーザ

レーザの発明によって，レーザ光を使った手術，レーザ光による鉄板の切断や溶接など，従来は不可能と思われてきたさまざまな応用が現実のものとなった．これらの用途に最初に用いられたのがガスレーザや固体レーザである．ここでは，ガスレーザや固体レーザの原理や構造について学ぼう．なお，半導体レーザについては，後ほど第10章で説明する．

7.1 ガスレーザ

レーザ動作を行う媒体が気体のものを**ガスレーザ**（gas laser）という．表7.1に示すように，ガスレーザには多くの種類があり，紫外線から赤外線まで幅広い波長域をカバーしており，表示や制御・計測，加工などで広く使われている．ここでは一般に広く知られているHe-NeレーザとArイオンレーザ，それに金属加工などに用いられているCO_2レーザの原理と構造を述べる．

表7.1 種々のガスレーザ

種類	発振波長 [μm]	光出力	用途
He-Ne レーザ	0.633 1.15 3.36 など	0.1～50 mW	光計測 ディスプレイ
Ar イオンレーザ	0.458 0.488 0.515	5 mW～10 W	レーザの励起 加工 医療
He-Cd レーザ	0.325 0.442 など	1～40 mW	露光 光記憶
CO_2 レーザ	10.6	1 W～20 kW	高効率 金属加工
N_2 レーザ	0.337	～10 mW	光計測 医療

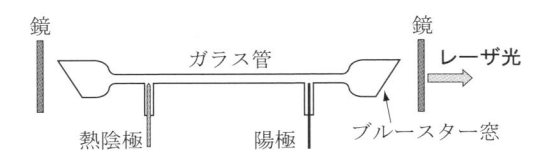

7.1.1 He-Ne レーザ

He-Ne レーザでは，直径数 mm，長さ数 cm〜十数 cm のガラス製の放電管に，レーザ媒質として He 約 0.1 [Pa]，Ne 約 0.01 [Pa] の混合ガスを封入し，これに電極を付けて直接放電させることで，レーザ動作を行っている．He-Ne レーザには，放電管内部に共振器鏡を配置している**内部鏡型**（internal mirror type）と，放電管の外部に共振器鏡を配置した**外部鏡型**（external mirror type）とがある．

図 7.1 に，外部鏡型 He-Ne レーザの構造を示す．ガラス管内で増幅されたレーザ光は，ブルースター角に傾斜した，左右の損失のない**ブルースター窓**（Brewster window）を通ってミラーで反射される．レーザ光の一部は，ミラーを通して出力光として外部に取り出される．ブルースター窓を通して取り出された光は P 偏光であるため，この場合の出力光は直線偏光となる．

図 7.1 He-Ne レーザの構造

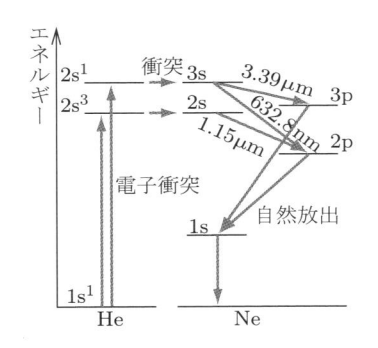

図 7.2 He-Ne レーザのエネルギー構造

図 7.2 に，He-Ne レーザのエネルギー構造を示す．まず，熱陰極と陽極間の直流放電によって He 原子の電子が励起される．He 原子の $2s^1$ や $2s^3$ 準位に励起された電子は，衝突によってほぼ同じエネルギーをもつ Ne 原子の 3s および 2s 準位に遷移する．3s および 2s 準位に留まった電子は，より低い 3p および 2p 準位に誘導放出を伴って遷移する．

3s 準位から 2p 準位への遷移の場合を考えると，3s 準位の寿命は 10^{-7} [s] 程度で

あるのに対し，2p準位の寿命は10^{-8}[s]程度と短く，この二つの準位間で反転分布が形成され，632.8[nm]のレーザ光が発生する．同様に，Ne原子の3s準位から3p準位への遷移では3.39[μm]，また，2s準位から2p準位への遷移では1.15[μm]のいずれも赤外線を発生するが，一般にHe-Neレーザといえば632.8[nm]の赤色のレーザ光を指すことが多い．

He-Neレーザに限らず，一般にガスレーザは媒質の密度が低いため，パワー利得係数が小さく，発振効率は0.1%程度である．そのため，レーザの大きさの割に出力は小さく，He-Neレーザでは大きいものでも出力は50[mW]程度である．しかし，鮮やかな赤色で視認性が良いため，1[mW]以下のものが光学系の光軸調整などに広く用いられている．

> **Coffee Break：レーザとメーザ（maser）**
>
> 序章で述べたように，レーザはLight Amplification by Stimulated Emission of Radiationの頭文字をとった造語である．そのため，光でなくマイクロ波を出すものはlightをmicrowaveに変えて，maserとなる．同じように，X線を出すレーザをXaser（X-ray laser）などともいうが，メーザ以外はあまり一般的にはならなかった．

7.1.2 Arイオンレーザ

Arイオンのガスを用いる気体レーザで，青色や緑色など，血液の赤色に吸収されやすい光を発するため，レーザメスや網膜剥離の治療など，医療用やホログラフィー，計測分野などに広く用いられている．

Arガスを封入した放電管にアーク放電管からの強烈な光を照射して，Arガスを励起する．図7.3に示すように，$3s^2 3p^4 4p^1$準位に励起された電子は，$3s^2 3p^4 4s^1$の準位に誘導放出を生じながら遷移する．さらに，74[nm]の紫外線を自然放出しながら

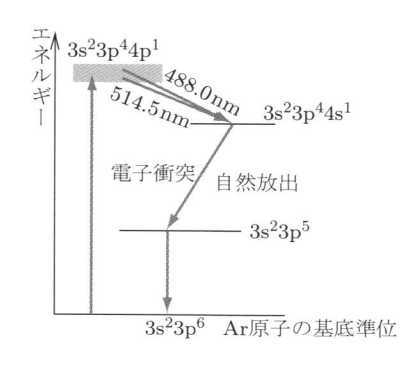

図7.3 Arイオンレーザのエネルギー構造

$3s^2 3p^5$ 準位に遷移する．

黄色から紫外線までの多くの波長の光で発振するが，代表的なのは 457.9 [nm]，488.0 [nm]，514.5 [nm] のレーザ光である．ガスレーザなので発振効率は 0.1%程度ときわめて低いが，大電流密度での放電が可能など，多くの特長をもっている．発振効率を改善するために，放電管の中心を細くして軸方向に磁場を加えて，イオンが中心に集中するような工夫もされている．連続出力が得られ，可視域の出力パワーは 30 [W] にも達するものもある．

7.1.3 CO_2 レーザ

CO_2 レーザは CO_2 と N_2，He の混合ガスをレーザ媒質としたもので，効率が〜20%と高く，高出力が得られるという特徴をもっている．構造は He-Ne レーザ同様，レーザ管内の直流放電でレーザ媒質を励起している．また，He-Ne レーザが軌道間の遷移を利用していたのに対して，CO_2 レーザは分子内部の振動モード間のエネルギー差を利用している．このようなレーザを**分子レーザ**（molecular laser）とよんでいる．

CO_2 分子の三つの**振動モード**（vibration mode）を図 7.4 に示す．図 (a) は炭素原子の左右の酸素原子が矢印の方向に対称に振動する**対称伸縮モード**（symmetric vibration mode）で，図 (b) は炭素原子と両方の酸素原子を結ぶ結合の間の角度が変化する**屈曲振動モード**（bending vibration mode）である．図 (c) は図 (a) に似ているが，左右の酸素原子が非対称に振動する**非対称振動モード**（asymmetric vibration mode）である．

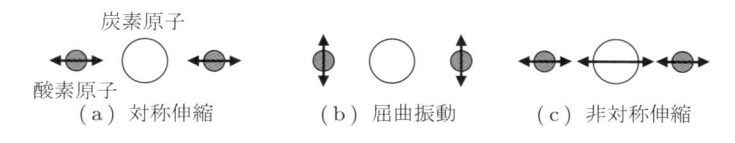

図 7.4　CO_2 分子の内部振動

直流放電によって N_2 分子が励起されるが，この励起状態は図 (c) の CO_2 分子の非対称振動モードのエネルギーに近いため，衝突などで容易に CO_2 分子を励起できる．この励起状態は，図 (b) および図 (a) の振動モードに遷移する際に，図 7.5 に示すように，10.6 [μm] および 9.6 [μm] の赤外線を放射する．このとき，エネルギーの高い図 7.4(c) の準位の寿命は，下位の準位に比べて 100 倍程度大きく，この準位に多くの電子が留まるため，反転分布が容易に実現される．

CO_2 レーザは効率がよく，小型で大出力が容易に得られるため，レーザ加工用やレーザメスなど，主にエネルギー分野で広く応用されている．

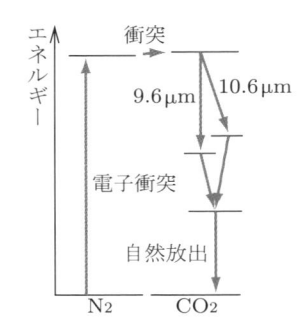

図 7.5　CO_2 レーザのエネルギー構造

7.1.4　エキシマレーザ

　エキシマレーザは希ガスとハロゲンガスの混合ガスをレーザ媒質に用いたレーザである．希ガスは一般に化学結合しないが，励起状態ではほかの原子と結合して分子を構成する．このような分子を**二重体**（excited dimer）の意味で，**エキシマ**（excimer）という．希ガスには Ar, Kr, Xe などが，ハロゲンには F, Cl, Br などが用いられ，表 7.2 に示すように，いずれも紫外線領域で発振する．レーザ出力は数百 mJ で効率は 1% 程度である．加工や半導体製造工程のリソグラフィーの光源，それにレーシック手術などの眼科用として用いられている．

表 7.2　エキシマレーザの発振波長 [nm]

	Ar	Kr	Xe
F	193	249	351
Cl	175	222	308
Br			282

7.1.5　その他のガスレーザ

　レーザ媒質に窒素ガスを用いた N_2 レーザや，ヘリウムガスとカドミウムの蒸気を用いた He-Cd レーザが比較的よく用いられている．N_2 レーザは波長 337.1 [nm] の紫外線を発生するレーザで，数 100 kW のピーク出力がパルス幅数 ns で得られている．**ブルームライン回路**（Blumline circuit）や LC 反転回路を用いて実験室で自作可能なこともあり，ほかのレーザの励起用などに，実験室でよく用いられる．

　He-Cd レーザはヘリウムガス中での放電によってカドミウム金属蒸気を発生させて媒質とする**金属蒸気レーザ**（metal vapor laser）である．**陽光柱プラズマ**（positive column plasma）を用いる陽光柱型（発振線 325.0, 441.6 [nm]）と，負のグロープラ

ズマ (glow plasma) を用いる**ホロー陰極** (hollow cathode) 型 (発振線 441.6, 533.7, 537.8, 635.5, 636.0 [nm]) の二つがある．陽光柱型は CD のカッティングマシンや光造形装置，計測器などに使われている．ホロー陰極型は光の 3 原色を同時に出せることから**白色レーザ** (white light laser) ともよばれ，画像分野に広く用いられている．

7.2 固体レーザ

固体レーザ (solid-state laser) では，世界で初めてレーザ動作を行った**ルビーレーザ** (ruby laser) がよく知られている．そのほかにも，表 7.3 に示すように，加工分野で用いられる **YAG レーザ** (yttrium aluminum garnet laser) や **Ti サファイアレーザ** (Ti-sapphire laser) などがある．ここでは，ルビーレーザと YAG レーザについて，その構造や原理や特性を学ぶことにする．

表 7.3 種々の固体レーザ

種類	発振波長 [μm]	励起方法	光出力	用途
ルビーレーザ	0.693 0.694	フラッシュランプ	1〜100 J	医療 光計測 ホログラフィー
YAG レーザ	1.064 1.319	フラッシュランプ 半導体レーザ	1〜100 J 50〜100 mW	加工 励起
Ti サファイアレーザ	0.7〜1.13	Ar イオンレーザ	数 W	励起 分光用光源
ガラスレーザ	1.054〜1.062 1.535	フラッシュランプ 半導体レーザ	1〜100 J 50 mW	情報通信 計測 レーザ核融合炉

7.2.1 ルビーレーザ

図 7.6 にルビーレーザの構造を示す．スパイラル状の励起用フラッシュランプの中に，長軸方向に共振器鏡をもつルビーの結晶が配置されている．コンデンサに蓄えられた電気エネルギーでフラッシュランプを駆動して，数 ms の強烈な光パルスを発生させてレーザを動作させている．

ルビーレーザのエネルギー構造を図 7.7 に示す．フラッシュランプの光で，E_0 準位の電子は E_1 および E_2 準位に励起される．E_1 および E_2 準位に励起された電子は，非放射遷移で E_3 準位へ遷移し，E_0 準位との間で反転分布が形成される．レーザ発振は，E_3 準位のわずかに異なる二つの準位と E_0 準位との間で生じる．

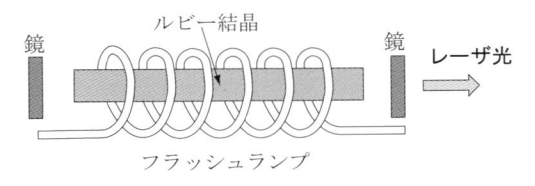

図 7.6　ルビーレーザの構造

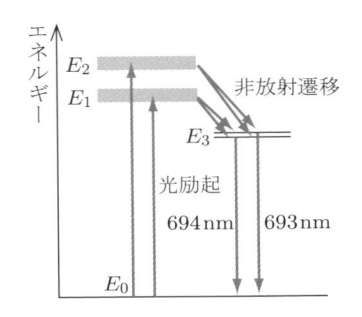

図 7.7　ルビーレーザのエネルギー構造

　パルス動作ではあるが，可視光で数 kW～数 MW のジャイアントパルスを発生させることが可能で，ホログラフィーをはじめさまざまな用途に用いられている．

7.2.2　YAG レーザ

　YAG レーザは **YAG**（yttrium aluminum garnet）の結晶の Y（イットリウム）を数％の Nd（ネオジム）で置き換えたものをレーザ媒質として用いる固体レーザである．パルス動作でも連続動作でも効率がよく，安定性も優れている．

　YAG レーザは多くの波長で動作するが，中心となるのは 1.064 [μm] の波長の赤外線である．

　図 7.8 に，YAG レーザのエネルギー構造を示す．フラッシュランプで E_1 および E_2 準位に励起された電子は，非放射遷移によって E_3 準位に移動する．そして，E_4 準位との間で反転分布を形成し，レーザ動作して 1.064 [μm] のレーザ光を出す．この機構からわかるように YAG レーザの 1.064 [μm] での動作は 4 準位レーザであり，ルビーレーザに比べて効率がよく，発振の閾値ははるかに低くなっている．

　YAG レーザの特長として，誘導放出の遷移確率が高く，小さな励起でレーザ動作が可能であるとともに，母材結晶の熱伝導率が高いために，連続発振が可能なことがある．

　YAG レーザの構造の一例を図 7.9 に示す．Nd を添加した YAG ロッドの両端には

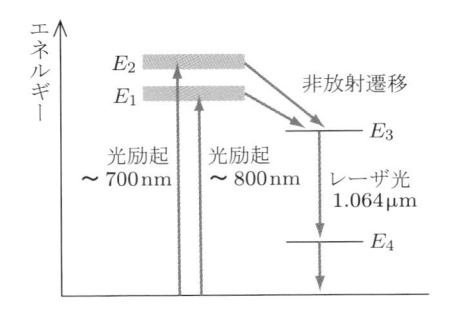

図7.8 YAGレーザのエネルギー構造

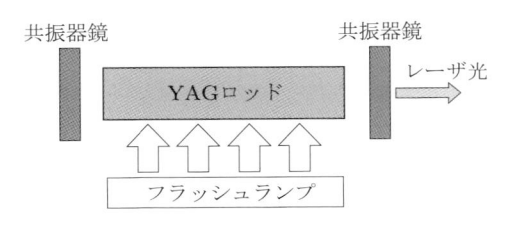

図7.9 YAGレーザの構造

共振器鏡が，そしてYAGロッドに隣接してキセノン放電管などのフラッシュランプが配置されている．出力の大きなものにはフラッシュランプが用いられるが，小さな励起で動作する特長を活かして，半導体レーザで励起するものも実用化されている．出力は数mWと大きくはないが，効率は10%近くにもなり，小型固体レーザ光源として広く用いられている．

また，CO_2レーザに比べて波長が10分の1程度と短く，金属への吸収が大きいため，金属加工に向いており，ケーブルや金属の切断，太陽電池や大面積ディスプレイの基板膜の剥離，抵抗などの電子部品のトリミングや修正に用いられることが多い．

7.2.3 その他の固体レーザ

これまで説明した固体レーザ以外では，**Ti**サファイアレーザ，ガラスレーザ，アレキサンドライトレーザ，**YLF**レーザなどが知られている．Tiサファイアレーザは，モード同期により10fsから数psの超短パルスを発生できる．励起はArイオンレーザの第2高調波などで行われ，繰返し周波数は70〜90[MHz]程度，レーザ出力は0.5〜1.5[W]程度である．

ガラスレーザは，レーザ媒体にガラスを用いた固体レーザである．媒体には，Ndなどの不純物をバリウムクラウンガラスやリン酸ガラスに加えたものが使われる．高出

力が得られるため，レーザ核融合炉に用いられている．

アレキサンドライトレーザは，レーザ媒質にアレキサンドライト（alexandrite）という宝石を使用したもので，755 [nm] の赤色で発振する．脱毛など主に医療用に用いられている．

YLF レーザは，媒質に Nd をドープした **YLF**（yuttrium lithium fluoride）を用いたレーザで，発振波長は 1.053 [μm] の赤外線で，ガラスレーザの増幅システムの発振器として利用されている．

7.3 半導体レーザ

発光媒体として半導体を用いたレーザを，**半導体レーザ**（semiconductor laser）とよぶ．図 7.10 に示すように，半導体レーザはきわめて小型であり，レーザポインタや DVD ドライブなどに幅広く用いられている．半導体レーザとほかのレーザとの違いは，半導体レーザではキャリアの注入という手段で比較的簡単に反転分布状態を実現できること，ほかのレーザが原子内の特定の準位間の電子の遷移を利用しているのに対して，半導体レーザはエネルギー帯間の遷移を利用しているため，誘導放出を起こす波長域がほかのレーザに比べて格段に広いことなどがある．半導体の基本的な性質については第 8 章で，また，半導体レーザについては第 10 章で詳しく述べることにする．

図 7.10　半導体レーザの外観

演 習 問 題

[1] 多くのガスレーザからの光は直線偏光となっている．その理由を考えよ．
[2] 医療用に用いられるレーザの備えるべき要件を考えよ．
[3] 白熱電灯の下で物を見ると，蛍光灯の下で見るよりも柔らかい感じを受ける．その理由を考えよ．

第8章 半導体の基本的事項

発光ダイオードや半導体レーザ，太陽電池などはすべて半導体で構成されている．これらの素子のはたらきを理解するためには，半導体の理解が欠かせない．ここでは，光デバイスを理解するために必要な半導体の基本的事項について学ぼう．

8.1 半導体中のエネルギー帯構造

図 8.1 に示すように，**半導体**（semiconductor）の**エネルギー帯**（energy band）には，化学結合に関与した電子で形成される**価電子帯**（valence band）と，その上の**伝導帯**（conduction band）とがある．そして，価電子帯と伝導帯とは，電子の存在が許されない**禁制帯**（forbidden band）（**エネルギーギャップ**（energy band gap）ともよぶ）で隔てられている．

半導体では基本的に価電子帯までが電子で満たされており，伝導帯には電子は存在しない．半導体に導電性をもたせるには，禁制帯の幅のエネルギー以上のエネルギーを価電子帯の電子に与えて，電子を伝導帯にもち上げる必要がある．低いエネルギーの電子を高いエネルギーにもち上げることを，電子を**励起**（excitation）するという．このエネルギー帯の構造は絶縁体と同じであり，半導体は基本的に電気を通さない**絶縁体**（insulator）に分類できる．

半導体と絶縁体との違いは，絶縁体のエネルギーギャップは比較的大きく，価電子帯の電子を励起するのに大きなエネルギーを必要とするのに対して，半導体のエネル

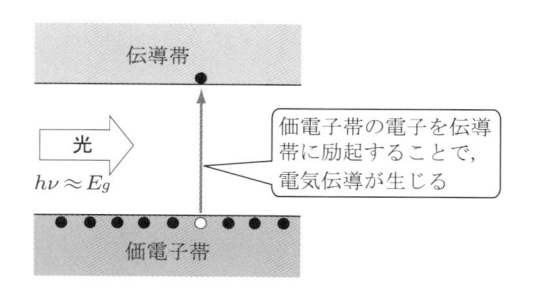

図 8.1 半導体のエネルギー構造

ギーギャップは小さく，価電子帯の電子を小さなエネルギーで比較的容易に伝導帯に励起できる点である．このようにして伝導帯に発生した電子や，電子が励起されて価電子帯に残された電子の抜け穴（**正孔**（hole）という）は，移動することで自らの電荷の移動による電流を発生させることができるので，電気を運ぶという意味で**キャリア**（carrier）とよばれる．

外部から光や熱といったエネルギーを半導体に与えて，価電子帯の電子を伝導帯に励起すると，励起された電子と，価電子帯に残された電子の抜け穴である正孔が自由に移動できるようになり，電気伝導が生じるようになる．このように，自由電子と正孔の数が同じとなる純粋な半導体を**真性半導体**（intrinsic semiconductor）という．実際には，価電子帯の電子は化学結合に関与しているため，価電子帯に励起するには数 eV（$1\,[\text{eV}] = 1.6 \times 10^{-19}\,[\text{J}]$）程度のエネルギーを必要とする．そこで，半導体に種々の不純物を添加することで，より小さなエネルギーでキャリアを発生させ，電気伝導が起こりやすいようにしている．このような半導体を**不純物半導体**（impurity semiconductor）という．

半導体に半導体の母材よりも価電子が一つ多い V 族元素の不純物（シリコン Si ならリン P やヒ素 As など）を添加すると，不純物のもつ余分の電子は，数十 meV という室温の熱エネルギー程度のわずかなエネルギーで伝導帯に励起されて，自由に移動できるようになる．そのため，V 族元素の余分な電子のエネルギーは，図 8.2(a) に示すように，伝導帯のすぐ下の準位に位置することになる．添加した V 族元素を，電気伝導に**寄与**（donate）するという意味で**ドナー**（donor）とよび，そのエネルギー準位を**ドナー準位**（donor level）という．このような半導体を，正孔よりも負の電荷をもつ電子が多いことから，**n 型半導体**（n-type semiconductor）とよぶ．

また逆に，母材よりも価電子が一つ少ない III 族元素の不純物（Si ならホウ素 B やアルミニウム Al など）を添加すると，数十 meV のわずかなエネルギーで価電子帯の

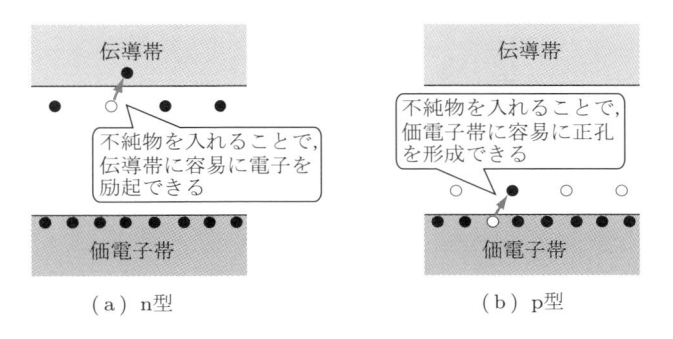

図 8.2 n 型半導体と p 型半導体

電子を引き受けて，価電子帯に自由に移動できる正孔を形成する．そのため，III族元素の電子を受け入れることのできる準位（正孔）のエネルギーは，図 (b) に示すように，価電子帯のすぐ上に位置することになる．添加したIII族元素を，電子を**引き受ける**（accept）という意味から**アクセプター**（acceptor）とよび，そのエネルギー準位を**アクセプター準位**（acceptor level）という．このような半導体を，正電荷をもつ正孔が多いという意味で **p 型半導体**（p-type semiconductor）とよんでいる．

光デバイスを含むほとんどの半導体デバイスでは，この 2 種類の型の半導体を組み合わせて，種々の特性をつくり出している．

Coffee Break：半導体とは？

昔は電気を通すものを**導体**（conductor），電気を通さないものを不導体や絶縁体，そして，それらの中間のものを半導体であるとしていた．あながち間違っているわけではないが，それぞれの境界がはっきりしない，あやふやな定義であった．ここでは，半導体とは導体として振る舞ったり，絶縁体として振る舞ったりするもので，それを人間が制御できるものと定義している．人間が半導体の導電率，なかでもキャリア密度を制御することで，これらの制御を可能にしてきたのである．

8.2 p-n 接合

p 型と n 型の半導体を接触させたものを **p-n 接合**（p-n junction）といい，半導体デバイスの多くは，この p-n 接合を利用している．p 型半導体のアクセプタ不純物は，室温のエネルギーによって価電子帯から電子を受け取っており，図 8.2(b) に示すように，電子はアクセプタ準位付近まで存在する．一方，n 型半導体ではドナー準位の電子が伝導帯に励起されており，電子は伝導帯付近まで存在する．

いま，この二つの半導体を接触させると，図 8.3 に示すように，n 型半導体中の電子が p 型半導体に，p 型半導体中の正孔が n 型半導体中へと拡散する．電子が拡散した結果，負の電荷が入ってきた p 型半導体は負に，電子を放出して正に帯電したドナーイオンが残った n 型は正に帯電する．同時に，正孔の拡散によって n 型はさらに正に，正孔を放出して負に帯電したアクセプタが残った p 型はさらに負に帯電する．この結果，正に帯電した n 型は電子からみたエネルギーが低くなり，逆に，負に帯電した p 型は電子からみたエネルギーが高くなる．

定常状態では，図 8.3 に示すように電子のエネルギーは接合付近で滑らかな段差をつくっており，この段差の高さ V_d を**拡散電位**（diffusion potential），もしくは**内蔵電位**（built-in potential）とよんでいる．このとき，接合付近では電位の段差による電界

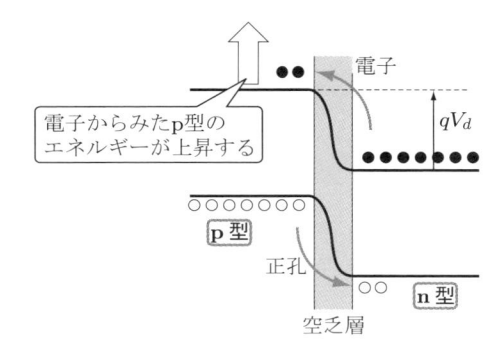

図8.3 p-n接合のエネルギー図

が発生しており，この電界によって電子や正孔は力を受けて電子はn型のほうに，正孔はp型のほうに移動し，図8.3のように，段差の部分にはキャリアが存在しない**空乏層**（depletion layer）とよばれる領域が生じる．

p-n接合の両端に，p型に正，n型に負の電圧を印加すると，正の電圧が加わっているp型は電子からみるとエネルギーが低くなるので，電子はp型へと入る．逆に，負の電圧が加わっているn型へはp型から正孔が入る．この様子を図8.4に示す．電子がp型へ入った結果，電源から電子がn型へ供給される．同様に，p型へは正孔が供給され，電流が流れ続ける．このような電圧を印加することを**順方向バイアス**（forward bias）を加えるという．

逆に，p型に負，n型に正となるように電圧を印加すると，電子と正孔は図8.5に示すようにたがいに離れてしまい，電流は流れない．このような電圧を印加することを**逆方向バイアス**（reverse bias）を加えるという．

このように，p-n接合では1方向にしか電流を流さないことがわかる．これをp-n接合の**整流作用**（rectification）といい，p-n接合のもっとも重要な特性である．

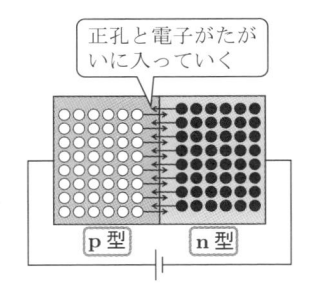

図8.4 p-n接合の順方向バイアス 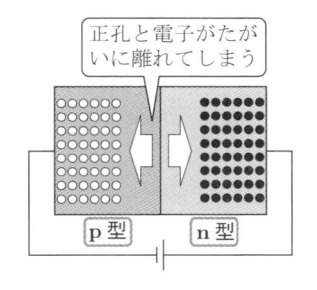　　図8.5 p-n接合の逆方向バイアス

8.3 光と半導体との相互作用

半導体に光が入射すると，ほかの物質と同様に光と相互作用をする．図 8.6(a) のように，半導体のエネルギーギャップよりも大きなエネルギーをもつ光が半導体に入射すると，価電子帯の電子にエネルギーを与えて伝導帯に励起する．そして，入射した光子は電子にエネルギーを与えて消滅する．この過程は第 6 章で述べた励起と同じ現象であるが，孤立した原子や分子の場合には，上位の準位と下位の準位との差のエネルギーのみが吸収されるのに対し，半導体の場合には幅をもったエネルギー帯の間で吸収が生じるので，広い範囲のエネルギーの光が吸収されることになる．これを**光吸収**（light absorption）という．

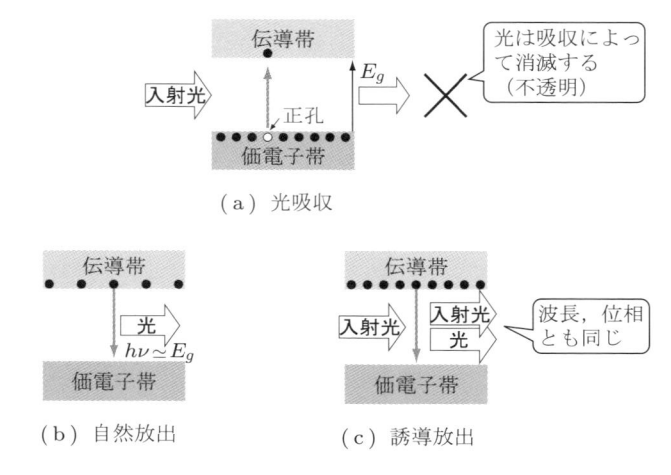

図 8.6 光と半導体との相互作用

光吸収によって伝導帯に励起された電子は，図 (b) に示すように，一定の寿命（lifetime）の後に再び価電子帯へ遷移する．その際に，エネルギーギャップに相当するエネルギーを光として放出する．とくに周りから制御されることなく，自然に光子を放出することから，この過程を**自然放出**（spontaneous emission）といい，**発光ダイオード**（light emitting diode: LED）の動作機構となっている．

伝導帯に多くの電子を励起すると，やがて伝導帯の電子密度が価電子帯の電子密度よりも大きくなって，第 6 章で述べたのと同様に，半導体が反転分布の状態となる．反転分布の状態の半導体に，半導体のエネルギーギャップよりも大きなエネルギーをもつ光が入射すると，図 (c) に示すように，入射光は伝導帯の電子を価電子帯に叩き落とすことになる．その際に叩き落とされた電子は，反転状態の原子や分子の場合と同

様に，もっていたエネルギーを入射光と同じ波長，同じ位相をもつ光子として放出して誘導放出を起こす．誘導放出が生じると，入射した光があたかも増幅されたように，同一の波長と位相をもつ光子が増加することになるが，半導体の場合は誘導放出に関与している準位がいずれも帯になっているため，二つの準位間の特定のエネルギーでのみ誘導放出が生じる原子や分子の場合と異なって，広いエネルギー範囲で誘導放出が可能となる．

8.4 直接遷移と間接遷移

半導体のエネルギー帯をエネルギーと運動量の関係で見ると，図 8.7(a) に示すように，価電子帯の頂上と伝導帯の底が一致している場合と，図 (b) に示すようにずれている場合とがある．

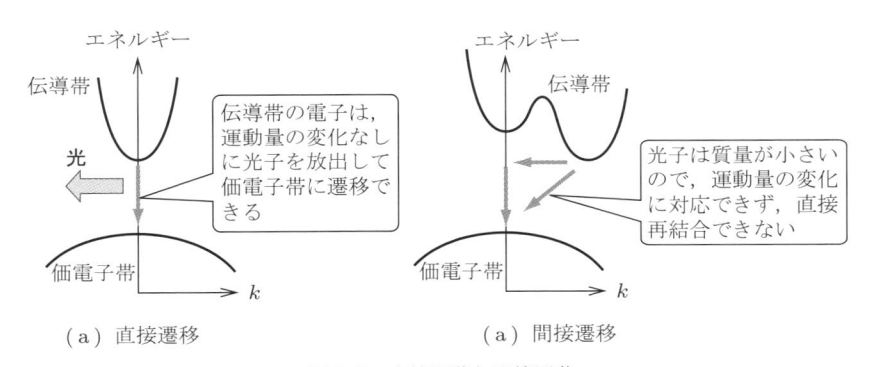

図 8.7 直接遷移と間接遷移

価電子帯の頂上と伝導帯の底が一致している場合（図 (a)）は，伝導帯に励起された電子は，エネルギーの差を光子の形で放出するだけで価電子帯に遷移し，正孔と**再結合**（recombination）することができる．このような半導体は**直接遷移型**（direct transition type）とよばれ*，光の発生効率がよいので発光素子に用いられる．

価電子帯の頂上と伝導帯の底が一致していない場合（図 (b)）には，伝導帯の底に励起された電子が価電子帯の頂上の正孔と再結合するためには，エネルギーの放出に加えて，運動量保存則から運動量も放出する必要がある．光子は質量がきわめて小さいため，運動量の変化を担うことができず，図 (b) に示す斜めの遷移が許されない．そのため，伝導帯の電子は**格子振動**（フォノン（phonon））との相互作用によって運動量を変化させた後に，光子との相互作用で価電子帯に遷移することになる．このよ

＊ 直接遷移は垂直遷移とよばれることもある．

うな半導体を**間接遷移型**（indirect transition type）とよぶ．

直接遷移型の半導体の遷移が電子と光子との相互作用であるのに対して，間接遷移型の半導体の遷移は，電子とフォノンと光子の三つの相互作用となる．そのため，伝導帯に励起された電子が価電子帯に遷移する確率はきわめて小さくなり，発光効率も低くなる．

直接遷移型の半導体には GaN, GaAs, InP, InAs などの化合物半導体があり，間接遷移型の半導体には Si, Ge, AlP, AlAs, GaP などがある．発光素子の構成材料として用いられるのは，遷移確率の高い直接遷移型の半導体である．表 8.1 に主な半導体の遷移型とエネルギーギャップの大きさを示す．

表 8.1 主な半導体のエネルギーギャップと遷移型

	Ge	Si	InAs	InP	GaAs	GaP	GaN
エネルギーギャップ [eV]	0.67	1.12	0.36	1.35	1.43	2.26	3.39
遷移型	間接	間接	直接	直接	直接	間接	直接

Coffee Break：エネルギーギャップとイオン化エネルギー

半導体では，価電子帯の電子にエネルギーギャップ以上のエネルギーを与えて伝導帯に励起することで，電気伝導が生じている．これは半導体からみれば，半導体を構成している結合の一つが切れることを意味している．そのため，このエネルギーを化学の分野では**イオン化エネルギー**（ionization energy）とよんでいる．また，すべての結合が切れると，半導体は固体のままでいられずに，液体になってしまう．

8.5 キャリアの発生と再結合

半導体にエネルギーギャップ以上のエネルギーをもつ光を照射すると，価電子帯の電子の一部が伝導帯に励起され，伝導帯には電子が，価電子帯には正孔が発生する．このように，キャリア密度を熱平衡状態から増加させることを**キャリアの注入**（carrier injection）という．

いま，p 型半導体に光を照射して電子と正孔を発生させると，p 型半導体の少数キャリアである電子の変化率は大きいが，少数キャリアよりも数桁多く存在する正孔の変化率はきわめて小さい．逆に，n 型半導体の場合は正孔の変化率が大きく，電子の変化率は小さい．このように，少数キャリアのみが大きく変化する注入を**低水準の注入**（low level injection）という．これに対して，多数キャリアも大きく変化するようなきわめて多量の注入を**高水準の注入**（high level injection）という．

半導体に光を照射すると，価電子帯の電子が伝導帯に励起されて，伝導帯には電子が，価電子帯には正孔が発生する．このように，熱平衡時からキャリアを増加させると，増加したキャリアは，ある一定時間の後に再結合によって徐々に減少し，やがて熱平衡時の値にもどる．励起された電子は，価電子帯に生じた正孔と結合して消滅して価電子となり，その際に，そのエネルギー差に等しいエネルギーを光子などの形で放出する．

いま，n型半導体に光が照射されたとする．少数キャリアである正孔に着目し，キャリアが励起されて正孔が発生する速度を G_L，励起されたキャリアが再結合で消滅する速度を R とすると，励起されたキャリア密度 p の時間的な変化は，

$$\frac{dp}{dt} = G_L - R \tag{8.1}$$

と表すことができる．ここで，再結合速度は価電子帯の正孔密度が高いほど，また伝導帯の電子密度 n が高いほど大きくなる．n型半導体の場合は，多数キャリアである電子の変化率はごくわずかなので，n をほぼ一定と考えると，比例係数を α として，再結合速度をつぎのように表すことができる．

$$R = \alpha n p = \frac{p}{\tau_\mathrm{p}} \tag{8.2}$$

ここで，

$$\tau_\mathrm{p} = \frac{1}{\alpha n} \tag{8.3}$$

は**少数キャリアの寿命**とよばれ，GaAs では数ナノ秒程度である．

熱平衡時ではキャリア密度は一定なので，$dp/dt = 0$ となる．そのため，熱平衡時には正孔が発生する速度 G_0 と，正孔が再結合で消滅する速度 R_0 が等しくなるから，

$$\begin{aligned} G_0 &= R_0 = \frac{p_0}{\tau_\mathrm{p}} \\ R_0 &= \alpha n_0 p_0 \end{aligned} \tag{8.4}$$

となる．ここで，添字の「0」は熱平衡時の値を表している．

再結合速度 R から熱平衡時のキャリアの発生速度 G_0 を引いた正味の再結合速度 U を考えると，低水準での注入では $n \simeq n_0$ なので，

$$\begin{aligned} U &= R - G_0 = \alpha \left(np - n_0 p_0 \right) \\ &\simeq \alpha n_0 \left(p - p_0 \right) = \frac{1}{\tau_\mathrm{p}} \left(p - p_0 \right) \end{aligned} \tag{8.5}$$

となる．光照射でキャリアが生成されているとすると，

$$\begin{aligned}\frac{dp}{dt} &= G - R \\ &= G_L + G_0 - R \\ &= G_L + \frac{p_0}{\tau_\mathrm{p}} - \frac{p}{\tau_\mathrm{p}}\end{aligned} \quad (8.6)$$

となるが，ここで再び定常状態では $dp/dt = 0$ なので，

$$G_L - \frac{p - p_0}{\tau_\mathrm{p}} = 0 \quad (8.7)$$

となり，熱平衡状態からの過剰少数キャリアは

$$\Delta p = p - p_0 = G_L \tau_\mathrm{p} \quad (8.8)$$

となる．

いま，$t < 0$ で $G_L =$ 一定 であったのが，$t = 0$ で $G_L = 0$ になったとして，式 (8.6) を解いて過剰少数キャリア $\Delta p(t)$ を求めると，

$$\begin{aligned}\frac{dp}{dt} &= -\frac{p(t) - p_0}{\tau_\mathrm{p}} \\ \Delta p(t) &= p(t) - p_0 = G_L \tau_\mathrm{p} \exp\left(-\frac{t}{\tau_\mathrm{p}}\right)\end{aligned} \quad (8.9)$$

となり，図 8.8 のように，過剰少数キャリアは時定数 (time constant) τ_p で減少する．

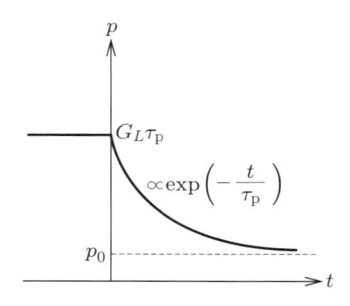

図 8.8 光照射後の過剰少数キャリアの減衰

> **Coffee Break：キャリアの寿命と喫茶店**
>
> キャリアがその状態にどれだけ長く留まれるかを，キャリアの**寿命**という．寿命が短い場合は，キャリアは短時間でほかの場所へ移動し，逆に寿命が長い場合は長時間滞在することになり，移動速度 R は寿命 τ の逆数に比例し，$R \propto 1/\tau$ で表される．これは，喫茶店でコーヒーを飲むのに要する時間（寿命）が短いと，客はすぐに店を出ていって客の回転（移動速度）がよくなることに似ている．

8.6 少数キャリアの拡散

光が半導体の一端のみに当たっている場合には，光が当たっている場所で電子と正孔が生成され，それ以外では熱平衡時のままであるため，キャリア密度が空間的に一様でなくなる．n 型半導体棒の一端に光が照射されているとすると，少数キャリアである正孔の時間変化は，式 (8.6) に場所によるキャリア密度の不均一に起因する流れの項が加わり，

$$\frac{\partial p}{\partial t} = G_L - R - \frac{\partial F_\mathrm{p}}{\partial x} \tag{8.10}$$

と書ける．ここで，F_p は正孔の流れ密度である．

流れ密度には拡散によるものとドリフトによるものとがあるので，

$$F_\mathrm{p} = p\mu_\mathrm{p} E - D_\mathrm{p}\frac{\partial p}{\partial x} \tag{8.11}$$

と書ける．右辺第 1 項はドリフトによる流れ，第 2 項は拡散による流れである．これを式 (8.10) に代入すると，

$$\frac{\partial p}{\partial t} = D_\mathrm{p}\frac{\partial^2 p}{\partial x^2} - \mu_\mathrm{p}\frac{\partial p}{\partial x}E - \mu_\mathrm{p} p\frac{\partial E}{\partial x} + G_L - R \tag{8.12}$$

という式が得られる．この式は，半導体内の**少数キャリアの拡散** (minority carrier diffusion) を含む少数キャリアの状態を記述しており，**少数キャリアの連続の式** (minority carrier continuity equation) とよばれる．

いま，電界 E をゼロ，発生速度 G_L と再結合速度 R をそれぞれ

$$\begin{aligned} G_L &= \frac{p_0}{\tau_\mathrm{p}} \\ R &= \frac{p}{\tau_\mathrm{p}} \end{aligned} \tag{8.13}$$

とすると，少数キャリアの連続の方程式 (8.12) は

$$\frac{\partial p}{\partial t} = D_{\rm p}\frac{\partial^2 p}{\partial x^2} - \frac{p - p_0}{\tau_{\rm p}} \tag{8.14}$$

となる．この方程式を $x = 0$ で $\Delta p = p - p_0$, $x = \infty$ で $\Delta p = 0$ として解くと，

$$\Delta p = p - p_0 = \{p(0) - p_0\}\exp\left(-\frac{x}{L_{\rm p}}\right) \tag{8.15}$$

となる．ここで，$L_{\rm p}$ は図 8.9 に示すように少数キャリアの密度が $1/e$ になる距離を表しており，**少数キャリアの拡散長**（minority carrier diffusion length）とよばれる．

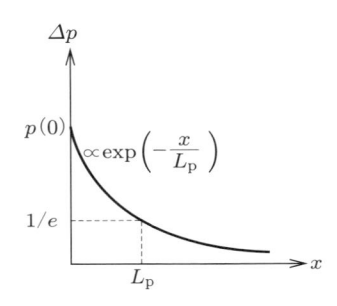

図 8.9 少数キャリアの拡散と拡散長

8.7 ホモ接合とダブルヘテロ構造

半導体で発光素子を構成する際には，発光効率を高めるために構造上の工夫も行われている．なかでも，ダブルヘテロ構造の開発は半導体レーザの駆動電流の低減に大きく貢献しており，半導体レーザの実用化には欠かせない技術であった．ここでは，半導体デバイスの基本となるホモ接合とダブルヘテロ構造を中心に学ぼう．

8.7.1 ホモ接合

「ホモ（homo-）」とは「同種」を指す接頭語で，この場合は，同じ半導体で接合をつくることを意味している．同じ半導体で p 型と n 型の接合をつくった**ホモ接合ダイオード**（homo-junction diode）を図 8.10 に示す．ふつうに使われている整流用のダイオードや増幅用のトランジスタのほとんどが，このホモ接合を基本にしている．

このダイオードの p 型に正，n 型に負の電圧が加わるように電源をつなぐと，ダイオードに電流が流れる．このとき，n 型から p 型に電子が，また p 型から n 型に正孔が注入されて，たがいに接合から遠ざかるように拡散する．図 8.11 に，p 型中に注入された電子の様子を示す．この拡散過程で注入された電子と，p 型半導体中にもとも

8.7 ホモ接合とダブルヘテロ構造

図 8.10 ホモ接合ダイオード

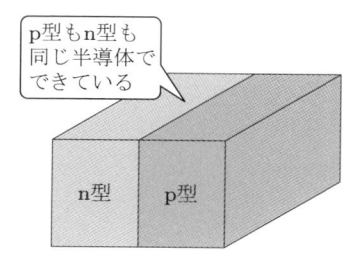

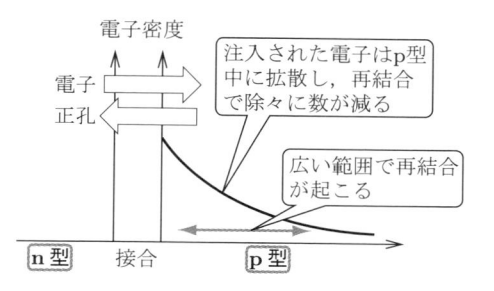

図 8.11 注入された電子の拡散

と存在する正孔とが再結合することで，p-n 接合としての役割を果たす．しかし，なかには再結合せずに，相手側の奥深くまでたどり着くものもある．そのため，ホモ接合ダイオードの場合には，再結合する場所が大きく広がることになる．

光エレクトロニクスで扱う「発光」を目的としたデバイスでは，再結合によって光を発生するため，どこで再結合するかがきわめて重要になってくる．

8.7.2 ダブルヘテロ接合

前項のように，ホモ接合ダイオードでは，注入されたキャリアが広い範囲で再結合する．そうすると，再結合による発光を利用している発光ダイオードでは，発光領域が大きくなり，面積当たりの光エネルギーである**輝度**（brightness）が低下する．また，半導体レーザでは反転分布の形成が困難になる．そこで考えられたのが，ヘテロ接合（「ヘテロ（hetero-）」とは「異種」という意味の接頭語）を用いてキャリアの拡散を防ぐ方法である．とりわけ**ダブルヘテロ接合**（double-heterojunction: DH 接合）の形成は半導体レーザの室温連続動作実現に欠かせない重要な技術であった．

図 8.12 にダブルヘテロ接合の模式図を示す．エネルギーギャップの小さな半導体 B を，両側からエネルギーギャップの大きな半導体 A で挟んでいる．この接合に p 型が

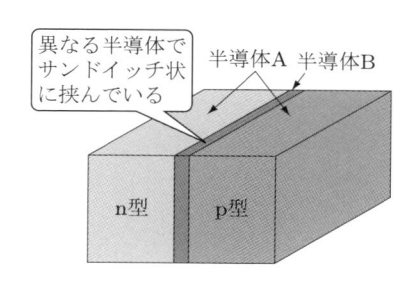

図 8.12 ダブルヘテロ接合

正，そして n 型が負になるように，すなわち**順方向**（forward）に電圧を印加すると，電流が流れて p 型，n 型双方からキャリアが入される．エネルギーギャップの大きな半導体から注入されたキャリアは，図 8.13 に示すように，エネルギーギャップの小さな半導体 B 中に高密度に閉じこめられる．

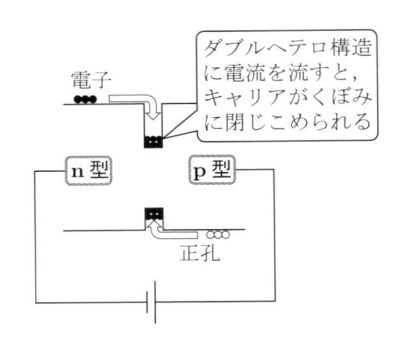

図 8.13 ダブルヘテロ接合によるキャリアの閉じこめ

n 型から注入された電子は，伝導帯のくぼみに閉じこめられ，p 型中へはわずかしか拡散しない．同様に，p 型から注入された正孔も価電子帯のくぼみ（正孔は電子の抜けた泡のようなものなので，上に向かうほどエネルギーが小さくなる）に閉じこめられることになり，狭い空間に電子と正孔が一緒に閉じこめられ，この狭い領域で再結合することになる．一般に，エネルギーギャップの小さな半導体のほうが屈折率が高いので，再結合によって発生した光子も同じ領域に閉じこめられることになる．キャリアと光が同じ空間に閉じこめられることは，キャリアと光との相互作用を促進することになり，ダブルヘテロ構造は半導体レーザにとってきわめて好都合な仕組みであることがわかる．

Plus α：ダブルヘテロ構造と結晶性

異なる半導体で良質なヘテロ構造を形成するのは容易ではない．半導体が異なれば，半導体をつくっている原子の間隔（**格子定数**（lattice constant））が異なるので，接合面に欠陥が入ってしまう．たとえば格子定数が 1% 異なると，原子 100 個に 1 個の欠陥が入ることになる．したがって，結晶全体では無数の欠陥が入ってしまい，デバイスには到底使えない．ヘテロ接合として最初に用いられた AlAs と GaAs の**混晶**（mixed crystal）である AlGaAs は，AlAs と GaAs の格子定数の差が 0.1% 程度であった．そのため，AlAs と GaAs の割合に関わらず，良好なヘテロ接合をつくることができたのである．

演習問題

[1] 半導体に添加したドナーやアクセプタが容易にキャリアをつくり出せる理由を考えよ．
[2] 間接遷移型半導体に光を入射したときは，どのような吸収が生じるか．
[3] 式 (8.9) を解け．
[4] 良好なヘテロ接合をつくる際に必要な条件について考えよ．

第9章 発光ダイオード

特定の半導体の価電子帯の電子を伝導帯に励起すると，励起された電子は一定時間の後に価電子帯に残された正孔と再結合し，その際に伝導帯と価電子帯のエネルギー差を光子の形で放出して発光する．価電子帯の電子を伝導帯に励起するのには大きなエネルギーを必要とするが，p-n 接合を利用することで，わずか数ボルトの乾電池のエネルギーでも励起状態をつくることができる．発光ダイオードは p-n 接合を利用して励起状態をつくり，キャリアを再結合させて発光するデバイスである．ここでは，実用化されている発光ダイオードの原理や構造，特性について学ぼう．

9.1 赤外発光ダイオード

図 9.1 に示すように，直接遷移型半導体である GaAs で p-n 接合を形成する．n 型 GaAs 基板上に n-GaAs，p-GaAs を**液層成長**（liquid phase epitaxy: LPE）法で順次成長する．不純物には n 型，p 型とも Si を用い，成長初期の高温時には Si が Ga を置き換えてドナーに，そして温度が下がると Si が As を置き換えてアクセプタとしてはたらく．このような不純物を**両性不純物**（amphoteric impurity）という．両性不純物を用いることで，接合形成時に成長が途切れないため，良好な接合をつくることができる．

図 9.1 のように，n 側に Au-Ge 合金の，p 側には Au–Zu 合金などの電極を形成する．そして，p 型を下にして**半導体ステム**（stem）とよばれる金属製の台や，リード

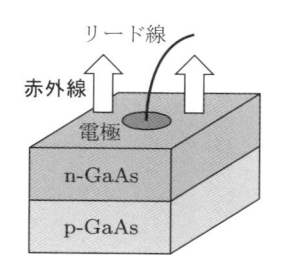

図 9.1 赤外発光ダイオードの構造

フレーム (lead frame) とよばれる金属の板に導電性をもたせながら接着して，ステムやリードフレームを p 型電極と接触させる．n 側の電極は上面から光を取り出せるように円形にしてある．このダイオードに順方向電流を流すと，n 型の電子が p 型へ，p 型の正孔が n 型にそれぞれ注入されて再結合し，エネルギーギャップ近傍のエネルギーの光を出す．この様子をエネルギー帯図で示したのが図 9.2 である．発光領域は n 型領域から p 型領域まで大きく広がるが，電子のほうが正孔よりも拡散しやすいので，再結合は主に p 型中で起こる．図 9.1 の構造のダイオードでは上側に光を取り出すので，ダイオードを上から見ると，電極部分を除いて，ほぼ全体が光っているように見える．

　GaAs のエネルギーギャップは 1.43 [eV] なので，エネルギーギャップに相当する光の波長は 867 [nm] になるが，実際には不純物などの影響により，少し小さなエネルギーで発光する．実際の GaAs 発光ダイオードの発光スペクトルの一例を図 9.3 に示す．この発光ダイオードのスペクトルのピーク波長は 950 [nm] で，エネルギーに換算すると 1.31 [eV] となる．

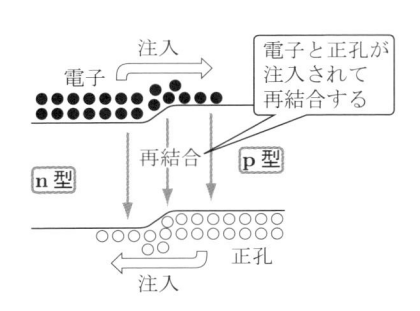

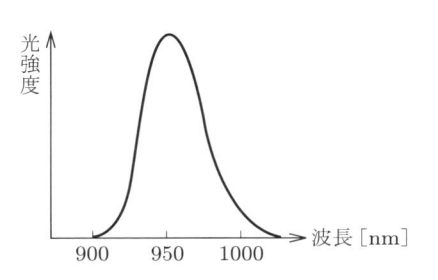

図 9.2　赤外発光ダイオードの再結合　　図 9.3　赤外発光ダイオードの発光スペクトル

Coffee Break：p-n 接合と注入

　発光ダイオードは，伝導帯に励起した電子が自然放出により光子を発生する現象を利用している．可視光を発光させるには，価電子帯の電子に〜2 eV 程度のエネルギーを与えて伝導帯に励起する必要があるが，これを熱エネルギーの形で与えると，$T = eV/k = 2 \times 1.602 \times 10^{19}/(1.38 \times 10^{-23}) = 23000$ となり，23000 K もの高い温度が必要となる．発光ダイオードは p-n 接合を利用することで，この励起をわずか乾電池 2 個で可能にしている．p-n 接合は，このようにきわめて小さなエネルギーで励起状態をつくれることが特徴であり，ほとんどの半導体デバイスは，この p-n 接合による励起を利用している．

9.2 赤色発光ダイオード

車のストップランプや信号機の赤色には，AlGaInP 混晶を用いた高輝度赤色発光ダイオードが用いられている．この混晶は，従来の液層成長法では，Al の**偏析係数**（segregation coefficient）が大きいために作製が困難であったが，**分子線エピタキシー**（molecular beam epitaxy: MBE）法や**有機金属気相成長法**（metal organic chemical vapor deposition: MOCVD）などの結晶成長法で結晶を制御性よく作製できるようになり，この発光ダイオードが実現された．

この発光ダイオードでは，GaAs 基板上に組成の異なる AlGaInP を成長させてダブルヘテロ接合が形成されている．図 9.4 に高輝度赤色発光ダイオードの断面の例を示す．エネルギーギャップの小さな薄い n 型 AlGaInP 活性層の両側を，エネルギーギャップの大きな n 型 AlGaInP および p 型 AlGaInP クラッド層で挟んでいる．光は n 型 AlGaInP クラッド層側から取り出せるように，電極の中央に丸い窓を開けてある．結晶成長後に，基板を取り除いて光の吸収を抑えて効率を上げたり，基板との間に多層膜で構成された反射層を設けたりするなどの工夫が行われた結果，効率はきわめて高く，なかには 60〜70%を超えるものも報告されている．発光波長は 600〜630 [nm]

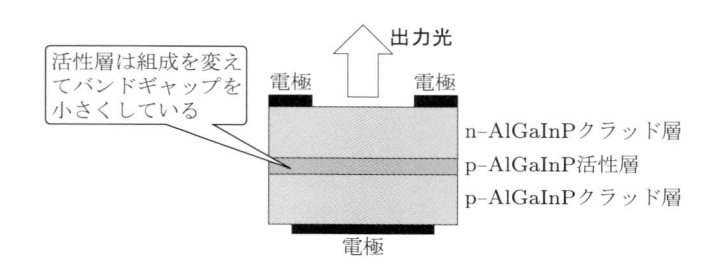

図 9.4 赤色発光ダイオードの構造

Plus α：n 型と p 型のエネルギーギャップ

赤外発光ダイオードのようにホモ接合を用いたデバイスでは，多くの場合は n 型のほうから光を取り出している．これは，同じ半導体であっても n 型と p 型で実効的なエネルギーギャップの大きさが違い，わずかではあるが，n 型のほうがエネルギーギャップが大きくなっており，n 型から光を取り出したほうが吸収による損失が小さくなるためである．これは半導体を p 型にするための**アクセプター不純物**（acceptor impurity）の準位が，n 型にするための**ドナー不純物**（donor impurity）の準位よりも少しエネルギーギャップの中心に寄っているため，p 型半導体の実効的なエネルギーギャップが小さくなることに起因する．

程度で，He-Ne レーザの 632.8 [nm] の光と同様の鮮やかな赤色を出すことができる．発光領域を限定することで輝度を上げて，レンズなどで集光しやすくしたりした高輝度発光ダイオードも市販されている．

9.3 青色発光ダイオード

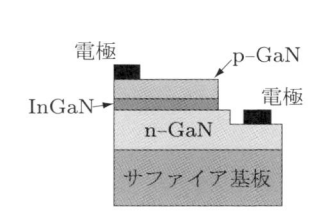

　光の3原色である赤，緑，青色のうち，赤色発光ダイオードと緑色発光ダイオードは早期に実用化されたが，青色発光ダイオードが実用化されたのは1990年代になってからである．その理由は，GaN の良質な結晶をつくるのが難しく，p 型の GaN ができなかったことなどがある．この問題は結晶成長技術の向上によって解決され，今日では青色発光ダイオードや，それに蛍光体（fluorescent substance）を組み合わせた白色発光ダイオードが実用化されている．

　この青色発光ダイオードの構造を図 9.5 に示す．サファイア（sapphire）基板上に有機金属気相成長法を用いて n-GaN 層，発光層となる InGaN 層，そして p-GaN 層を順次成長させ，ダブルヘテロ構造を形成する．発光層に InGaN を用いるのは，発光波長を青色領域に合わせるためである．サファイア基板は絶縁体なので裏面から電極を取ることができないため，p 型，n 型とも上面に電極を配置している．

図 9.5　青色発光ダイオードの構造

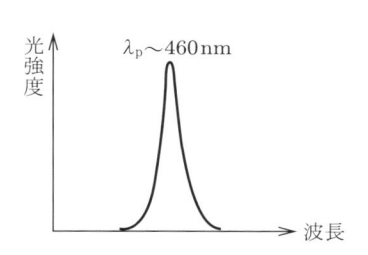

図 9.6　青色発光ダイオードの発光スペクトル

　この青色発光ダイオードの発光スペクトルの一例を図 9.6 に示す．ピーク波長 λ_p は 460 [nm] 付近のものが一般的である．青色発光ダイオードは材料のエネルギーギャップが大きいので，順方向電圧は 3～4 [V] 程度と高くなっている．数十 mA の順方向電流で数 10 [Cd] 程度の光出力が得られているが，出力や輝度，効率は年々向上し，効率が 60% 程度のものも開発されている．

　蛍光体を組み合わせた白色発光ダイオードを使った照明は，蛍光灯に比べて消費エネルギーが数分の1に抑えられることや，寿命が長くメンテナンスのコストが抑えられることもあって，近年急速に普及している．また，高輝度なものは車のヘッドライ

トにも用いられつつある．加えて，発光ダイオードで光の3原色がそろったことで，高輝度で大面積のディスプレイや表示器も実用化されている．

最近では良質のGaN基板も入手できるようになりつつある．GaN基板を用いることで，サファイア基板で問題となる格子定数の違いがなくなるため，より一層の性能向上が期待されている．

Coffee Break：結晶成長技術とGaN半導体

いまでは信号機から懐中電灯，イルミネーションと青色発光ダイオードが街中にあふれているが，青色発光ダイオードが世に出たのはそれほど昔ではない．青色発光ダイオードを構成するGaNの良質な結晶が得にくく，またp型を実現するのが困難であったため，ZnSやZnSeなどのII–VI族化合物半導体やSiCなども研究されてきた．しかし，その耐久性や効率は実用化にはほど遠く，製品化には至らなかった．そのようななか，MOCVD法とよばれる結晶成長法を用いることで，GaN結晶の品質が格段に向上し，それまで困難だったp型のGaNも安定してつくれるようになった．このように，結晶成長技術の進歩によって青色発光ダイオードが実現されたのである．「材料を制する者が世界を制す」という言葉を実証したよい例である．

演習問題

[1] 発光ダイオードの光をn側から取り出すことが多いのはなぜか．
[2] 発光ダイオードの発光のエネルギーはエネルギーギャップの大きさよりも小さい理由を考えよ．
[3] 青色発光ダイオードの基板をサファイアからGaNに変えることで，どのような利点が生じるか．

第10章 半導体レーザ

CDプレイヤーやDVDドライブのピックアップ，また，レーザポインタなどに用いられている半導体レーザも，今日のように広く用いられるようになったのはそれほど昔ではない．1962年に最初の発振が達成された半導体レーザはGaAsのホモ接合ダイオードであったが，$50\,[\mathrm{kA/cm^2}]$を超える注入電流密度が必要であったため，低温に冷やしたうえに短いパルス電流を印加して発振させる必要があり，実用にはほど遠かった．

1970年にベル研究所の林らが，ダブルヘテロ接合を用いて従来の動作電流を格段に低下させ，室温で連続的に動作させることに成功した．これを契機に，半導体レーザの開発が一気に進むことになり，いまではほかの電子デバイスと同様に，ごくふつうに使われるようになっている．

本書の読者が触れる機会がもっとも多いのがこの半導体レーザであろう．ここでは，半導体レーザの動作原理と特性について少し詳しく学ぼう．

10.1 半導体レーザの構造

図10.1に，典型的な赤外線で発振する半導体レーザの構造を示す．薄いGaAs活性層の両側をバンドギャップの大きなAlGaAsクラッド層で挟んだダブルヘテロ接合が形成されている．n型GaAs基板上にLPE法やMOCVD法，MBE法などによりn-AlGaAsクラッド層，GaAs活性層，p-AlGaAsクラッド層を順次成長させる．GaAs基板の面方位は，後に行う劈開（cleavage）の容易さから，(100)面を使うのが

Coffee Break：劈開と平面

結晶が劈開できるということは「その方向に割れやすい」ことを意味しており，この性質は宝石を加工する際にも利用されている．たとえば，非常に硬いダイヤモンドでも，劈開面に沿って容易に割ることができる．逆に，劈開できない結晶は，研磨などの手法に頼ることになる．一般に，イオン性の強い結晶は劈開しやすいことが知られている．GaAs結晶を劈開して得られる面はきわめて平坦で，原子レベルでほぼ完全な平面を形成しており，半導体レーザの反射面には，半導体の劈開面を用いることが多い．

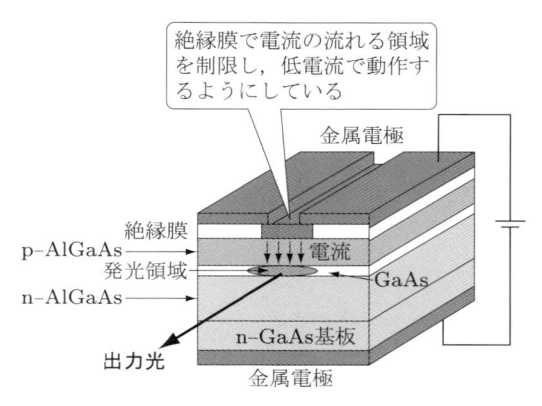

図 10.1 電極ストライプ型半導体レーザの構造

一般的である．

　成長後に基板の裏面に金属電極を，反対側の p-AlGaAs の上面には酸化膜などの絶縁体を形成し，絶縁体の一部をストライプ状に取り除いた後に電極を形成する．形成したダブルヘテロ構造を，ストライプと垂直方向に劈開して反射面をつくって共振器を形成する．その後に分割することで，図 10.1 に示すようなレーザ素子が完成する．電流が流れる部分がストライプ状になっていることから，このような半導体レーザを**電極ストライプ型**（electrode stripe type）レーザとよんでいる．

　この半導体レーザに電流を流すと，電極ストライプの部分だけに電流が集中して流れる．ストライプ部分の電流密度が所定の大きさになると，ストライプ電極直下の活性層でレーザ発振が開始される．レーザ光は劈開面で形成された反射面から出ることになる．劈開しただけの反射面の反射率は 30% 程度と低いので，実際には反射面の保護も兼ねて，反射率を高める被膜が形成されている．

Plus α：化合物半導体と電極

　GaAs など，2 種類以上の元素で構成される半導体をとくに**化合物半導体**（compound semiconductor）とよぶ．AlGaAs のようにエネルギーギャップの大きな材料に電極を付けようとしても，電流が流れやすい**オーミック性**（ohmic）をもたせることが難しい．そこで実際のレーザでは，オーミック特性の電極を形成しやすくするために，p 型 AlGaAs の上にさらに p 型 GaAs を形成することが一般に行われている．

10.2 半導体レーザの動作解析

10.2.1 レート方程式

半導体レーザの活性層の光子密度と電子密度の時間的変化は，**レート方程式**（rate equation）で記述することができる．半導体中を伝搬する光子密度を S とすると，その時間的変化は

$$\frac{\partial S}{\partial t} = (N_C - N_V) BS \tag{10.1}$$

となる．ここで N_C は伝導帯の電子密度，N_V は価電子帯の電子密度，B は誘導放出および光吸収の確率で，光子が誘導放出を起こす割合であり，1個の光子が1個の価電子帯の電子を伝導帯に励起する割合を表す．

共振器内の光子の寿命を τ_p とすると，単位時間当たりの光子密度の減少は

$$\frac{\partial S}{\partial t} = -\frac{S}{\tau_\mathrm{p}} \tag{10.2}$$

で表される．式 (10.1) と式 (10.2) から，光子密度の時間変化は

$$\frac{\partial S}{\partial t} = (N_C - N_V) BS - \frac{S}{\tau_\mathrm{p}} \tag{10.3}$$

となる．ここで，右辺第1項は誘導放出による光子密度の増加を，第2項は散乱などによる光子密度の減少を示している．

また，誘導放出が生じると，伝導帯の電子密度 N_C も変化する．その変化の割合は

$$\frac{\partial N_C}{\partial t} = -(N_C - N_V) BS - \frac{N_C}{\tau_s} + \Lambda \tag{10.4}$$

となる．ここで τ_s は伝導帯の電子の自然放出による寿命であり，Λ は外部電源から供給される電子密度である．右辺第1項は誘導放出による伝導帯の電子密度の減少であり，式 (10.3) の右辺第1項と同じである．第2項は自然放出で失われる電子密度であり，電子密度の時間変化は，注入される電子密度と失われる電子密度との差になる．

式 (10.3) と式 (10.4) は光子密度と伝導帯の電子密度の時間変化を表しており，これらをレート方程式という．

Λ は外部からの電子の供給を表しており，半導体レーザの順方向電流 I とは，

$$\Lambda = \frac{I}{eV_a} \tag{10.5}$$

で結ばれている．ここで，V_a は電子が注入される領域の体積である．

10.2.2 発振閾値

誘導放出と光吸収の確率は等しいため，N_C と N_V が等しければ誘導放出と光吸収の割合も等しくなり，光は増幅も減衰もされない．$N_C > N_V$ となると光が増幅されるようになるが，その境の値を**閾値**（threshold）といい，そのときの電流を**閾値電流**（threshold current）という．

いま，外部から注入される電子濃度を N とし，$N_C > N_V$ となって光増幅が起こる電子濃度を N_g とすると，

$$N_C - N_V \simeq N - N_g \tag{10.6}$$

と書ける．式 (10.5), (10.6) を用いて式 (10.3) と式 (10.4) のレート方程式を書き直すと，N_C と N として，

$$\begin{aligned}\frac{\partial S}{\partial t} &= (N - N_g)BS - \frac{S}{\tau_p} \\ \frac{\partial N}{\partial t} &= -(N - N_g)BS - \frac{N}{\tau_s} + \frac{I}{eV_a}\end{aligned} \tag{10.7}$$

となる．定常状態では $\partial/\partial t = 0$ であるので，式 (10.7) は

$$\begin{aligned}\left\{(N - N_g)B - \frac{1}{\tau_p}\right\}S &= 0 \\ (N - N_g)BS + \frac{N}{\tau_s} &= \frac{I}{eV_a}\end{aligned} \tag{10.8}$$

となる．レーザ発振の閾値電流 I_th 以下では，光吸収のみなので $S = 0$ とでき，式 (10.8) の第 2 式から

$$\frac{N}{\tau_s} = \frac{I}{eV_a} \qquad \therefore \quad I = \frac{eV_a N}{\tau_s} \tag{10.9}$$

となる．この式より，電子密度 N は注入電流 I に比例することがわかる．

電流が閾値電流を超えて注入されて，レーザ発振が始まると $S \neq 0$ となるので，式 (10.8) の第 1 式から

$$(N - N_g)B = \frac{1}{\tau_p} \tag{10.10}$$

となり，N は注入される電流 I に無関係に一定値となる．このときの N を電子密度の閾値 N_th とすると，

$$N_\mathrm{th} = N_g + \frac{1}{\tau_p B} \tag{10.11}$$

となる．式 (10.8) の第 2 式に式 (10.11) を代入すると，

$$(N_{th} - N_g)BS + \frac{N_{th}}{\tau_s} = \frac{S}{\tau_p} + \frac{N_{th}}{\tau_s} = \frac{I}{eV_a}$$

$$\therefore \quad \frac{eV_a S}{\tau_p} + \frac{eV_a N_{th}}{\tau_s} = I \tag{10.12}$$

となる．ここで，$eV_a N_{th}/\tau_s$ は N が N_{th} まで増加したときの電流であり，I_{th} に等しいので，

$$\frac{eV_a S}{\tau_p} + I_{th} = I \quad \therefore \quad S = \frac{\tau_p}{eV_a}(I - I_{th}) \tag{10.13}$$

となって，光子密度は $I - I_{th}$ に比例することになる．

このように，電流が閾値を超えてレーザ発振を始めると，図 10.2 に示すように，閾値を超えて注入された電流はすべて誘導放出に費されて価電子帯の電子密度は増加せずに一定となり，光子は $I - I_{th}$ に比例して増加する．

発振閾値での光子密度は 10^{18} [cm^{-3}] 程度であり，半導体レーザのクラッド層のドーピング濃度も同程度にすることが多い．

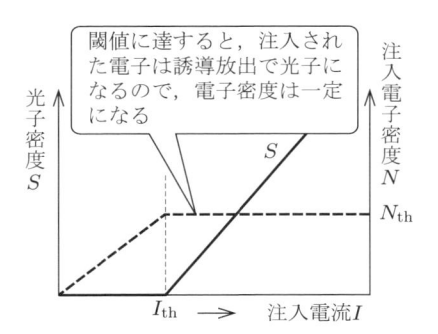

図 10.2　光子密度，注入電子密度の変化

Coffee Break：ポータブル CD プレイヤーと電池寿命

半導体レーザが実用化されて間もない 1984 年には，半導体レーザをピックアップの光源に用いた CD プレイヤーが市販されている．その頃のプレイヤーの連続再生時間はわずか数時間であった．電力を消費する主な物は，モーターと半導体レーザであった．当時の半導体レーザは，閾値電流が 100～200 [mA] もあり，長時間の動作が困難であった．その後，レーザの特性向上により閾値電流 10 数 mA に低下した結果，連続再生時間も 10 時間を超えるようになったのである．

10.2.3 半導体レーザの効率

　半導体レーザの内部で発生した光子は，主に共振器の鏡を透過して外部に出力光として取り出される．この共振器の鏡で主として失われる光子の減少率を求めるために，レーザ内部の光子の寿命を τ_m とすると，外部に取り出せる光出力 P は

$$P = h\nu \frac{S}{\tau_m} V_a \tag{10.14}$$

と書ける．ここで，$h\nu$ は光子のエネルギー，S は光子密度，V_a はレーザの活性領域の体積である．この式に式 (10.13) を代入すると，

$$\begin{aligned} P &= \frac{h\nu}{e} \frac{\tau_\mathrm{p}}{\tau_m} (I - I_\mathrm{th}) \\ &= \frac{\tau_\mathrm{p}}{\tau_m} V_g (I - I_\mathrm{th}) \\ &= \eta_d V_g (I - I_\mathrm{th}) \end{aligned} \tag{10.15}$$

となる．ここで，$h\nu/e = V_g$ としている．V_g はレーザに加える順方向電圧で，エネルギーギャップの大きさに相当する．

　また，η_d は

$$\eta_d = \frac{\tau_\mathrm{p}}{\tau_m} = \left.\frac{\Delta P}{\Delta(I \cdot V_g)}\right|_{I > I_\mathrm{th}} \tag{10.16}$$

で表される．これは，半導体レーザの注入電流のうちで，閾値電流を超えた分が出力光に変換される割合を示しており，**外部微分量子効率**（external quantum efficiency）とよばれ，半導体レーザでは数十％ときわめて高い値となる．そのため，半導体レーザ全体のエネルギー効率の向上には，閾値電流の値を低下させることが重要であることがわかる．

10.2.4 発振モード

　ガスレーザや固体レーザなどでは，レーザ媒質の原子の電子エネルギー準位間の，ある特定のエネルギーの光子に対して光吸収，誘導放出が生じている．それら特定のエネルギー以外のエネルギーをもつ光子は，レーザ媒質と相互作用することはない．それに対して，半導体レーザは半導体の伝導帯と価電子帯との間の遷移を利用して誘導放出を行わせて，レーザ動作を実現している．半導体のエネルギー帯は，8.1 節で述べたように**帯**（band）になっており，相互作用する光子のエネルギーの範囲が広くなっている．このことが半導体レーザの特徴の一つとなっている．

図 10.3 に示すように，半導体レーザもほかのレーザ同様に，共振器間に入る波の数で決まる軸モードが発生する．軸モードの間隔は，ほかのレーザの軸モードを表す式 (6.19) と同様に，

$$\Delta\lambda \simeq \frac{\lambda^2}{2nL} \tag{10.17}$$

で表すことができる．半導体レーザがほかのレーザと異なるのは，半導体レーザの大きさが一辺数百 μm の直方体ときわめて小さく，キャビティ長 L も 200〜300 [μm] と小さくなっているため，軸モード間隔 $\Delta\lambda$ の値が大きくなる点である．

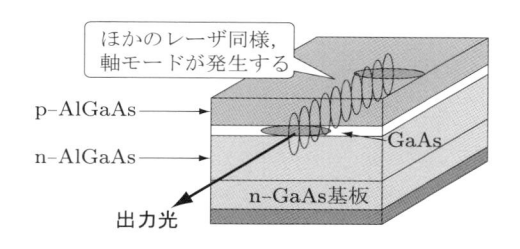

図 10.3 半導体レーザの軸モード

半導体レーザの誘導放出がエネルギーに幅のある伝導帯と価電子帯との間の遷移によっているため，誘導放出の生じるエネルギーの幅が広くなっている．そのため，レーザの軸モードの間隔は大きくなるが，半導体レーザは多くの軸モードで発振することが多い．

半導体レーザの活性領域は，厚み方向は結晶成長の際に制御できるので，数 10 nm 程度以下まできわめて薄くできる．それに比べて幅方向は，光リソグラフィーなどを用いた加工技術で形成するので，厚み方向ほど小さくすることができない．その結果，

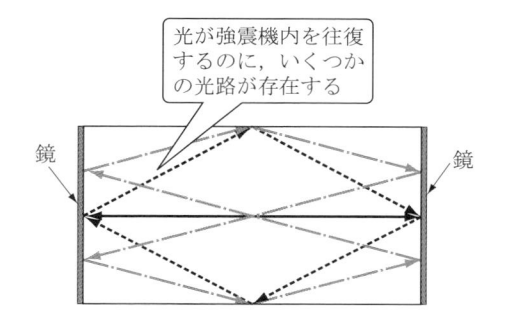

図 10.4 半導体レーザの横モードの発生

横方向においては図 10.4 に示すようないくつかの光路でのレーザ動作が可能となる．これらの光路で定まるレーザ発振を**横モード**（lateral mode）とよんでいる．実際の半導体レーザでは，横モードの高次モードで発振しないように，半導体レーザの構造に種々の工夫がなされている．

10.3 半導体レーザの特性測定

10.3.1 電流‐光出力特性

電流‐光出力特性（I-L 特性）の測定には，レーザ光をすべて受け入れるような大面積の受光器（フォトダイオード）を用いる．図 10.5 に示すように，半導体レーザと受光器とを向かい合わせて，レーザの順方向電流と受光器との出力をプロットすると，図 10.6 の I-L 特性を得ることができる．受光器の出力と光出力との関係をほかの標準光源などであらかじめ校正しておくと，光出力の絶対値が測定できる．

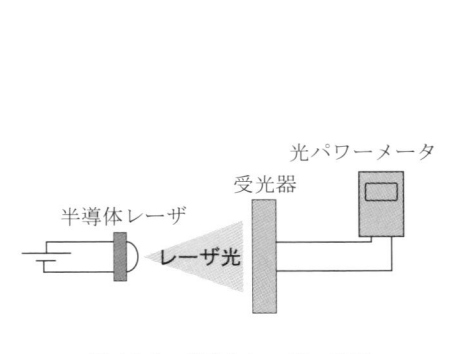

図 10.5 半導体レーザの電流‐光出力特性測定

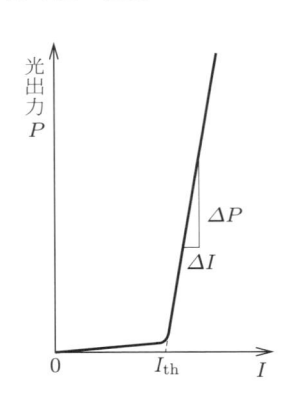

図 10.6 半導体レーザの電流‐光出力特性

半導体レーザは，順方向に電流を流すと，まず自然放出光が主となる LED モードで動作をする．さらに，順方向の電流が閾値電流を超えるとレーザ発振を開始し，光出力は急激に増加する．この様子が，図 10.6 の I-L 特性である．

閾値電流を超えると，注入されたキャリアは高効率で光子に変換されるため，半導体レーザの効率は数十％となり，ガスレーザなどのほかのレーザに比べて桁違いに高くなっている．閾値電流を超えた後の電流の増分と光出力の増分の比が，式 (10.16) の外部微分量子効率 η_d となる．

Coffee Break：半導体レーザの構造と日本企業

半導体レーザの最初の室温連続発振に成功したのは，当時ベル研究所にいた林 厳雄氏であるが，その後の実用化に向けても，日本企業が世界を引っ張ることになった．電機各社はそれぞれ独自の半導体レーザの構造を考案し，それぞれに独自の名前を付けていた．主なものには，日立製作所の CSP (channeled substrate planer stripe) レーザや BH (buried heterostructure) レーザ，シャープの VSIS (V-channeled substrate inner stripe) レーザ，三菱電機の TJS (transversed junction stripe) レーザ，松下電子の TS (terraced substrate) レーザなどがある．このように，数えるときりがないくらい多くの構造が考えられ，日本人の手先の器用さも相まって，それらがつぎつぎと実現されていった．これらの半導体レーザが開発された 1980～1990 年頃は，まさに日本のものづくりの黄金時代であった．

10.3.2 発光スペクトルとモード

半導体レーザの発光スペクトルの測定には，分光器を用いた図 10.7 のような測定系を用いる．測定環境によっては，外乱光の混入を避けるために半導体レーザをパルス駆動するか，レーザ光をシャッターで断続して，**ロックイン増幅器** (lock-in amplifire) でレーザ光のみを検出する．半導体レーザの発光スペクトルは，レーザに流す電流値によって異なり，閾値電流以下では，図 10.8(a) に示すように，多くの軸モードが観

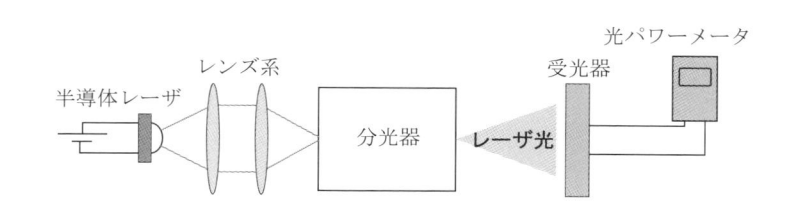

図 10.7　半導体レーザの発光スペクトル測定

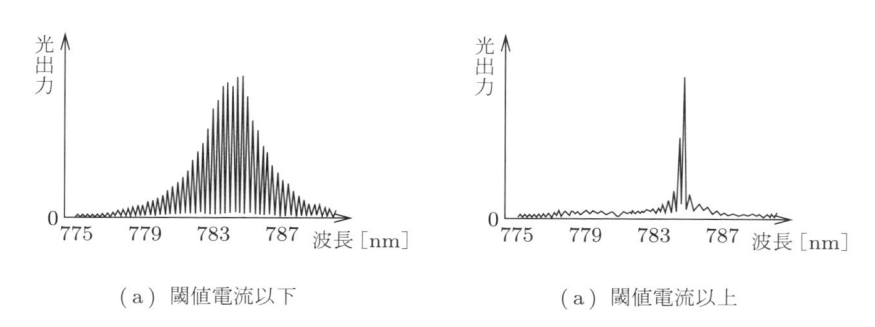

(a) 閾値電流以下

(a) 閾値電流以上

図 10.8　半導体レーザの軸モード

測される．

　電流をさらに増加させると，レーザのパワーが数本の軸モードに集中し，それぞれが不規則な動きをする**モード競合**（mode competition）とよばれる状態を経て，多くの場合，図 (b) に示すように数本のスペクトルになり，最終的に 1 本のスペクトルに集約されることが多い．

10.3.3　放射パターン

　半導体レーザからの光がどの方向にどれだけの強さで出射しているかを測るためには，図 10.9 に示すように，半導体レーザをターンテーブルに載せて少しずつ回転させながら，特定方向に配置したスリットをもつ受光器で測ればよい．これは，半導体の活性領域端面での電界分布を端面から十分離れた場所で観察することになる．この放射パターンを**遠視野像**（far firld pattern: FFP）という．これに対して，レーザの出射面である活性領域端面での電界分布を**近視野像**（near firld pattern: NFP）という．

　半導体レーザの発光領域は，厚み方向には数百 nm ときわめて薄く，出射する光は，図 10.10 に示すように，厚み方向に回折によって大きく広がる．それに対して，横方向は数 μm 程度であるため，そこから出射する光は，厚み方向ほどには広がらない．

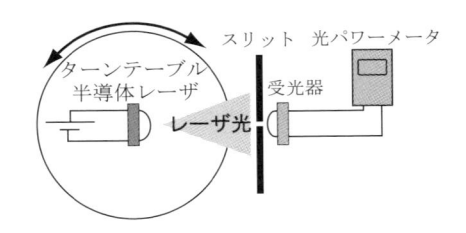

図 10.9　半導体レーザの放射パターンの測定

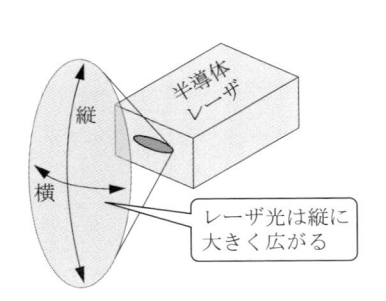

図 10.10　半導体レーザの放射特性

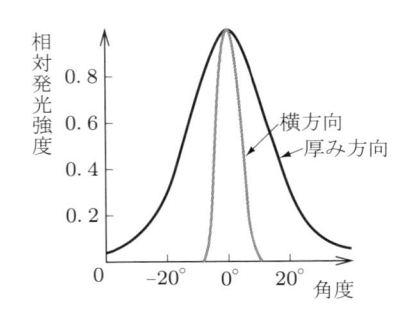

図 10.11　半導体レーザの放射パターン

その結果，半導体レーザからの出射光は円形のビームにはならず，縦長の楕円形となる．放射パターンは，図 10.11 に示すように，通常は厚み方向には 20° 以上，横方向には 10° 程度の広がりとなる．

ビームが楕円形であるため，半導体レーザの光を平行光線にしたり，1 点に絞ったりすることは通常のレンズでは不可能で，**円柱形レンズ**（cylindrical lens）と通常のレンズを組み合わせたり，特別に設計した**非球面レンズ**（aspherical lens）を用いる必要がある．

10.3.4 温度特性

半導体レーザに限らず，半導体素子は周囲温度の変化に敏感である．半導体レーザの温度が上昇すると，ダブルヘテロ接合に閉じ込められていた電子や正孔の運動が活発になり，活性領域からオーバーフローすることなどによって半導体内部の発光効率が低下し，レーザの発振閾値は図 10.12 のように上昇する．発振閾値の増加の割合は，活性層の温度を T [K] として，以下の式で表される．

$$I_{\mathrm{th}} = I_0 \exp\left(\frac{T}{T_0}\right) \tag{10.18}$$

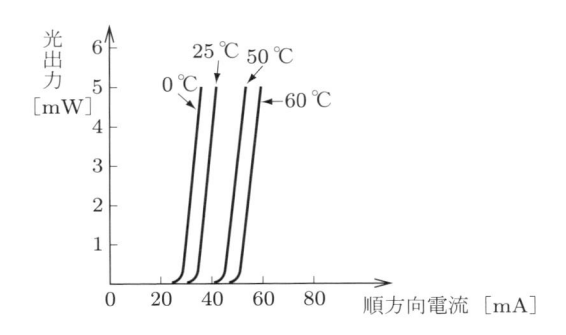

図 10.12 半導体レーザの I-L 特性の温度変化

ここで，I_0 は $T = 0$ における閾値電流である．また，T_0 は**特性温度**（characteristics temperature）とよばれる値で，T_0 が大きいほど温度に対して安定なことを示す指標となっている．特性温度はダブルヘテロ接合の障壁の高さや半導体の特性などによって決まり，通常は 90～160 [K] 程度の値となる．

また，温度上昇に伴って半導体のエネルギーギャップが小さくなるため，半導体の発光波長は長くなる．同じ理由で半導体レーザの発振波長も徐々に長くなるが，半導体レーザの発振波長は軸モードで制約を受けているため，連続的に変化することができ

ない．そのため，温度上昇に伴う発振波長の変化は，図 10.13 に示すように，隣接する軸モードをジャンプするようにして波長が変わっていく．この波長のジャンプを**モードホッピング**（mode hopping）という．

　モードホッピングで波長が隣接する軸モードにジャンプする際に，半導体レーザは大きな雑音を生じる．また，光ディスクシステムのディスク盤面など，周囲からの**もどり光**（optical feedback）とよばれる不規則な反射光が半導体レーザに入ると，やはり雑音を発生する．これらの雑音は，CD プレイヤーや DVD ドライブの場合には大きな障害となる．その対策としては単一モードレーザを用いればよいが，コストが高くなるという問題がある．そこで多くの場合には，半導体レーザの駆動回路に 300～700 [MHz] の高周波電流を重畳してレーザの動作を撹乱し，常にレーザが多くの軸モードで発振するようにして，モードホッピングなどで発生する雑音を低減している．

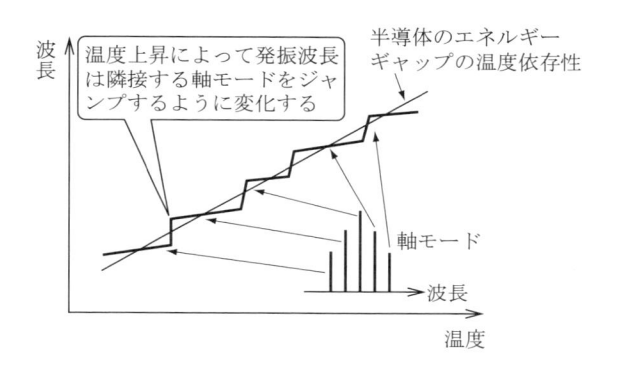

図 10.13　半導体レーザの閾値の温度依存性

10.4　種々の半導体レーザ

10.4.1　量子井戸レーザ

　図 10.14 に示すように，厚さ数 nm の薄膜の両側を，それよりエネルギーギャップの大きい材料で挟むと，薄膜中の電子は厚さ方向に量子化されてエネルギーが離散化（discretization）される．このように，特定の 1 次元方向に電子を閉じ込めた構造を**量子井戸**（quantum well）構造という．電子や正孔が閉じ込められるエネルギーギャップの小さい材料の層を**井戸層**（well layer）とよび，電子や正孔に対して壁の役割をするエネルギーギャップの大きい材料の層を**バリア層**（barrier layer）とよんでいる．

　量子井戸構造では，電子が層に垂直な方向の自由度が制限されて電子の運動に 2 次元性が現れる．そのため通常の材料では，それぞれのエネルギーにどれだけの電子が

入れるかを表す**状態密度関数**（density of states function）が2次関数になるのに対して，量子井戸構造では図 10.15 のような階段状となる．

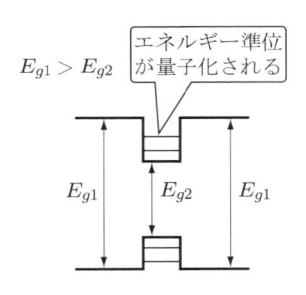

図 10.14　量子井戸構造

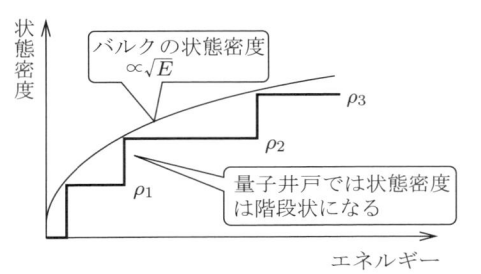

図 10.15　量子井戸構造の状態密度

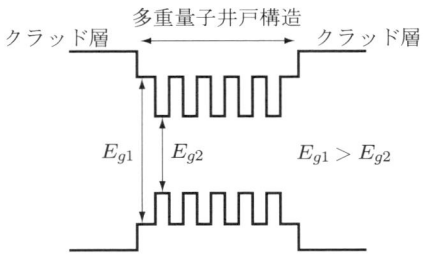

図 10.16　多重量子井戸構造

─ Plus α：量子井戸と量子力学 ─

量子力学や半導体工学の最初に，「箱の中の粒子（a particle in a box）」や「ゾンマーフェルトの金属モデル（Sommerfeld model）」（図 10.17）といわれる問題が出てくる．これらはいずれもポテンシャルの井戸の中の電子の状態を求めるものである．これらのモデルは解析的に解けるが，その解を実験で確認できなかった．しかし，MBE 法や MOCVD 法などの結晶成長技術の進歩によって，異なる材料で量子井戸を形成することができるようになり，量子井戸に閉じ込められた電子の状態を直接観測できるようになった．これは理論で予測されていた事柄が，実験技術の向上によって実証された一例である．

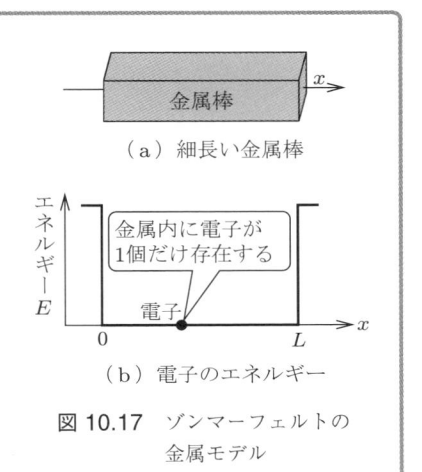

（a）細長い金属棒

（b）電子のエネルギー

図 10.17　ゾンマーフェルトの金属モデル

図 10.14 に示すような量子井戸が 1 個のものを**単一量子井戸**（single quantum well）構造，図 10.16 のように複数の量子井戸をもつものを**多重量子井戸**（multiple quantum well）構造とよぶ．

　量子井戸構造は MBE 法や MOCVD 法などの結晶成長法の進歩に伴って比較的容易に作製できるようになり，昨今では LED や半導体レーザの活性層に広く用いられている．この量子井戸構造によって LED や半導体レーザの発光効率の向上，閾値電流の低減，そして動的特性の飛躍的な向上が実現されている．

10.4.2　面発光レーザ

　通常の半導体レーザは，劈開面を反射鏡として共振器を形成し，レーザ光を基板面と平行に出射する構造になっている．それに対して，図 10.18 に示すように基板の上下方向にキャビティを形成して，レーザ光を基板に垂直な方向に取り出すレーザは**面発光レーザ**（vertical cavity surface emitting laser: VCSEL）とよばれ，1978 年に伊賀健一によって提案された．

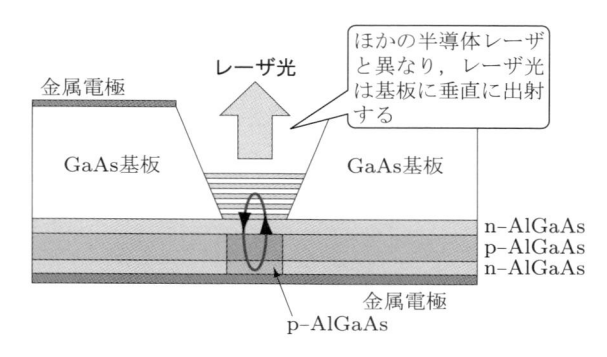

図 10.18　面発光レーザの構造

　面発光レーザは，レーザ光を発生させる活性領域があり，その上下に屈折率の異なる材料を交互に積み重ねた反射率 99%以上の**多層膜反射鏡**（multilayer mirror）と金属の反射鏡とを配置して，レーザの共振器を形成している．活性領域で発生した光がこの上下の反射鏡で反射されて，キャビティを往復しながら増幅されてレーザ光を発生させ，多層膜反射鏡を通して外部にレーザ光を出射する．

　面発光レーザでは，キャビティ長が 10 [μm] 程度と，通常の半導体レーザの 200〜300 [μm] に比べてきわめて小さい．そのため，式 (10.17) で求められる軸モード間隔が大きくなるため，基本的に一つの軸モードで動作する．さらに，電流が流れる領域を制限し，活性領域の面積を小さくすることで，単一横モード動作が実現できるなど，

多くの特徴がある．

また，共振器鏡としての劈開面が不要なため，通常の半導体レーザのように一枚の基板を分割する必要がない．そのため，一枚の基板上に多数のレーザをつくり込むことができ，さらに同一基板上にレーザの駆動回路や信号処理回路など，ほかの回路と一緒に集積できる可能性もある．また，面発光レーザで LSI 間を結んでデータを伝送したり，LSI の周囲に多数の光モジュールを実装したりできるので，将来は面発光レーザを用いた大容量の信号処理や情報の入出力が可能になると期待されている．

> **Plus α：歪超格子**
>
> これまでは良好なヘテロ接合をつくるには，格子定数を一致させる必要があった．しかし，ヘテロ接合を形成する各層の厚さが数原子程度まで薄くなると，格子定数が 10～20%程度異なっても，結晶が**弾性変形**（elastic deformation）を起こして，結晶中には**欠陥**（deffect）が発生しない．このような薄い層の重ね合わせで構成した超格子を**歪超格子**（strained layer superlattice）という．格子定数を厳密に合わせる必要がないので，従来では考えられなかった材料の組合せが可能になり，新しい性質をもつ材料を作製できる可能性がある．

10.4.3 DFB レーザと DBR レーザ

波長選択性のある回折格子でレーザの共振器鏡を構成することで，特定の軸モードを選んでレーザ発振させることができ，単一軸モード動作を実現できる．この場合，反射する位置が共振器鏡の位置で決められている通常のレーザとは異なり，回折格子全体で反射されることになる．このように，回折格子を半導体レーザの活性領域に組み込んだものを**分布帰還型**（distributed feedback: DFB）レーザとよび，半導体レーザの活性領域外に組み込んだものを**分布反射型**（distributed Bragg reflector: DBR）レーザという．

DFB レーザの構造例を図 10.19 に示す．n-InP 基板上に n-InP クラッド層，n-InGaAsP ガイド層を成長後，ガイド層に回折格子を形成する．回折格子を形成した後に p-InGaAsP 活性層，p-InP クラッド層を順次結晶成長させて，最後に電極を形成

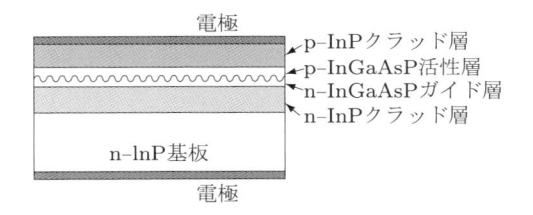

図 10.19 分布帰還型（DFB）レーザの構造

する．このようにすることで，活性層で発生した光のうち，回折格子の周期で決まる特定の波長の光だけが回折格子で反射され，活性層内を往復して増幅され，レーザ発振する．

このように DFB レーザでは，両端に鏡がなくても，組み込まれた回折格子で常に一定の波長の光を選択的に反射することで，常に一定の波長，同じ軸モードで発振することが可能となる．いま，回折格子の周期を Λ とすると，選択される波長 λ_m は

$$\lambda_m = \frac{2n\Lambda}{m} \tag{10.19}$$

となる．

DFB レーザでは，回折格子を活性領域直下のガイド層に形成していた．しかし，回折格子を形成した層の上にさらに結晶を成長させると，結晶中に欠陥が入ったり，せっかく形成した回折格子がダメージを受けて変形したりするという問題があった．そのため，回折格子を活性領域には形成せず，活性領域から離れた場所に形成した構造の分布反射型（DBR）レーザが考案された．

DBR レーザの構造の一例を図 10.20 に示す．回折格子は活性領域の延長線上に形成され，共振器の鏡の片方を構成している．このようにすることで，回折格子を形成後に結晶成長するときには，回折格子部分を保護することが可能となる．レーザ光は右側の鏡で反射される際にはどの波長も反射されるが，左側の回折格子で反射される際には，回折格子の周期で決まる波長のみが反射されてもどるので，結果として，レーザ全体では DFB レーザと同様に波長選択性をもつことになる．

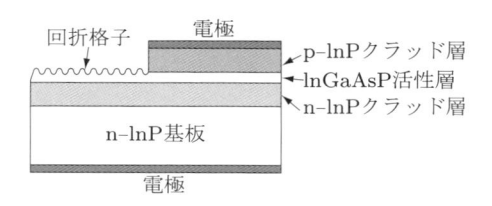

図 10.20 分布反射型（DBR）レーザの構造

DBR レーザは利得のない領域に回折格子を形成しているので，損失が大きくなるという欠点や，また，部分的に回折格子をつくるため，工程が複雑になるといった欠点もあるが，レーザをオン/オフしたときでも安定して特定の波長で発振するので，光通信など，波長の変化を嫌う用途に用いられている．

演 習 問 題

- [1] 半導体レーザは何準位レーザに相当するか．
- [2] 半導体レーザの出力光を共振器鏡から取り出せることを示せ．
- [3] 半導体レーザの閾値電流が 20℃ で 25 [mA]，50℃ で 45 [mA] であった．このレーザの特性温度を求めよ．
- [4] 量子井戸の状態密度が階段状になることを示せ．
- [5] キャビティ長が 10 [μm] の波長 780 [nm] の面発光レーザがある．半導体の屈折率を 3.6 として，軸モード間隔を求めよ．
- [6] 波長 1.5 [μm] の DFB レーザをつくりたい．回折格子の周期をいくらにすればよいか．ただし，活性層の屈折率を 3.5 とする．

第11章 受光素子

　光を検出して電気信号に変換する素子が受光素子である．受光素子は，発光ダイオードや半導体レーザの光に乗った情報を取り出したり，人間の視覚ように周囲の情報をとらえて電気信号に変えたりする目的で用いられる．また，光のエネルギーを電気エネルギーに変換する太陽電池も受光素子の一種である．ここでは，光を電気信号や電気エネルギーに変換する受光素子について学ぼう．

11.1 光電効果と光導電セル

　半導体にエネルギーギャップ以上のエネルギーをもつ光が入射すると，価電子帯の電子が伝導帯に励起され，伝導電子と正孔が発生する．この伝導電子と正孔は時間が経てば再結合して消滅するが，半導体に電界が印加されていると，図 11.1 のように半導体のエネルギー帯が電界によって傾き，電荷の符号が異なる電子と正孔は，再結合せずに図に示すようにたがいに反対方向に移動する．その結果，電子と正孔とが分離されて外部回路を通じて流れ，光を電流の変化として検出できる．この現象を**光電効果**（photoelectric effect）という．

　半導体の導電率 σ は，電子の電荷 q，電子と正孔の密度をそれぞれ n, p，電子と正孔の移動度をそれぞれ，$\mu_\mathrm{p}, \mu_\mathrm{n}$ として

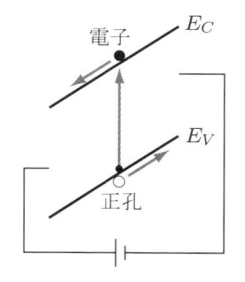

$$\sigma = q(n\mu_\mathrm{n} + p\mu_\mathrm{p}) \tag{11.1}$$

図 11.1　半導体の光電効果

と表される．光電効果により増加した電子および正孔密度をそれぞれ Δn, Δp とすると，それらによる導電率の変化 $\Delta \sigma$ は

$$\Delta \sigma = q\left(\Delta n \mu_\mathrm{n} + \Delta p \mu_\mathrm{p}\right) \tag{11.2}$$

となる．光照射で発生する電子 – 正孔対の数を G，電子と正孔の寿命をそれぞれ τ_n と τ_p とすると，

$$\begin{aligned}\Delta n &= G\tau_\mathrm{n} \\ \Delta p &= G\tau_\mathrm{p}\end{aligned} \tag{11.3}$$

となる．これより，式 (11.2) は

$$\Delta \sigma = qG\left(\mu_\mathrm{n}\tau_\mathrm{n} + \mu_\mathrm{p}\tau_\mathrm{p}\right) \tag{11.4}$$

となる．半導体に形成された電極間距離を l，電極面積を S，印加電圧を V とすると，半導体に印加される電界は V/l となるので，電流密度 $i = \sigma E$ より，電流 I は

$$\begin{aligned}I &= iS \\ &= \Delta \sigma S \frac{V}{l} \\ &= \frac{qGSV}{l}\left(\mu_\mathrm{n}\tau_\mathrm{n} + \mu_\mathrm{p}\tau_\mathrm{p}\right)\end{aligned} \tag{11.5}$$

となる．この電流は光によって生成された電子 – 正孔対の数に比例するので，この電流を測定することで，光の強度測定が可能となる．この光電効果を利用した光検出器を**光導電セル**（photo conductive cells），もしくは半導体として硫化カドミウム（CdS）を用いることから，**CdS セル**（CdS cell）ともよんでいる．構造が簡単，安価で堅牢，長寿命という特長をもつため，古くから街灯の自動点灯装置などに広く使われている．

11.2 光起電力効果と太陽電池

前節の光導電セルでは，外部から印加した電界で，光によって励起された伝導電子と残された正孔とを分離して外部に取り出した．ここでは，図 11.2 に示すように p-n 接合の空乏層の部分に光が照射されて，価電子帯の電子が伝導帯に励起された場合を考える．空乏層には拡散電位 V_d が加わっており，空乏層内部には電界が存在する．そのため，励起された電子および残された正孔は，この電界によって電子は n 型へ，正孔は逆に p 型へと移動する．

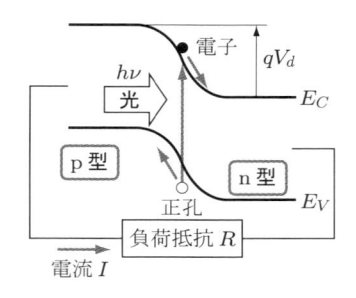

図 11.2 p-n 接合の光起電力効果

電子が n 型へ，正孔が p 型に移動した結果，n 型は負に帯電して電子からみたエネルギーは上昇する．逆に，正孔が移動する p 型は正に帯電し，電子からみたエネルギーは減少する．これにより，p-n 接合の拡散電位が小さくなり，p-n 接合が順バイアスされた場合と同様の状態となる．

このとき，外部回路を接続すると分離された電子と正孔が外部回路を通じて再結合するため，外部に電流を取り出すことができる．このように，光の照射により起電力を生じる現象は**光起電力効果**（photovoltaic effect）とよばれ，フォトダイオードや太陽電池に応用されている．

図 11.2 の様子は，第 8 章で述べた p-n 接合と基本的に同じであり，電流と電圧の関係は p-n 接合の電流と電圧との関係式で表され，

$$I = I_s \left\{ \exp\left(\frac{qV}{kT}\right) - 1 \right\} \tag{11.6}$$

となる．ここで，I は電流密度 J に接合面積を乗じた電流である．この p-n 接合に負荷抵抗を接続して光を照射すると，p 型に集まった正孔と n 型に集まった電子が負荷抵抗に電流を流すことになる．このときの電流の向きは，通常の p-n 接合ダイオードの順バイアスの場合とは逆方向となることに注意を要する．

光を照射しない場合には，式 (11.6) は図 11.3(a) の光照射なしのグラフで示すように，通常の p-n 接合ダイオードの電流 – 電圧特性となる．ダイオードに負荷抵抗をつないで光を照射すると，図 (b) に示すように，負荷を通じて電流が p 型から n 型へと通常のダイオードとは逆方向に流れ，式 (11.6) に逆方向電流が加わることになる．いま，外部回路を短絡し，$V = 0$ としたときに外部回路に流れる電流を I_L とすると，

$$I = -I_L + I_s \left\{ \exp\left(\frac{qV}{kT}\right) - 1 \right\} \tag{11.7}$$

となる．

(a) 電流-電圧特性　　　　　(b) 外部回路に流れる電流

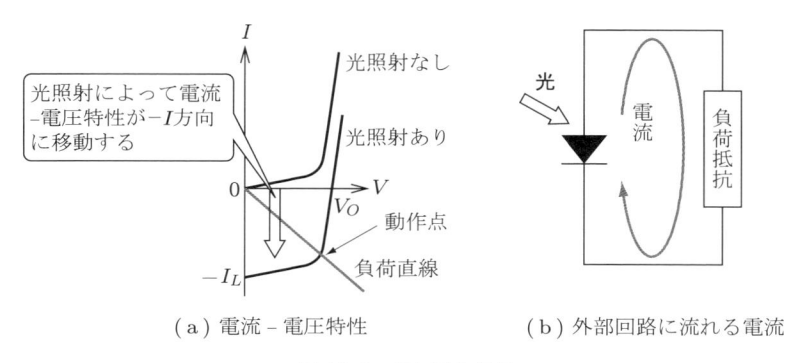

図 11.3　光起電力効果

式 (11.7) をグラフで描くと，図 (a) の光照射ありのグラフのように，通常の I-V 曲線を下に I_L だけ移動したものになる．

この光起電力効果を用いて外部に電力を取り出す光半導体素子を**太陽電池**（solar cell）という．太陽電池に負荷抵抗 R を接続すると，負荷抵抗に流れる電流と電圧との関係は

$$I = -\frac{1}{R_L}V \tag{11.8}$$

となる．この曲線を**負荷直線**（load line）といい，図 (a) 中に示す．また，この図でダイオードの外部回路を短絡したときに流れる電流 I_L を**短絡電流**（short current），負荷を外したときに現れる電圧を**開放電圧**（open circuit voltage）という．この負荷直線と，式 (11.7) の光照射ありのグラフとの交点が太陽電池の**動作点**（operating point）となる．

太陽電池の特性を表すのは，p-n 接合ダイオードの電流-電圧特性の第 4 象限である．そのため，見やすいように電流軸を反転させて，図 11.4 のように第 1 象限に移して示すことが多い．負荷抵抗の値を変化させると，動作点は図 11.4 のグラフの上を移動する．取り出せる電力，すなわち抵抗に流れる電流と電圧の積が最大となる電流と電圧を I_M および V_M とし，短絡電流 I_L と外部回路を開放した際の開放電圧 V_O との積の比

$$FF = \frac{V_M I_M}{V_O I_L} \times 100\,[\%] \tag{11.9}$$

を**曲線因子**（fill factor: FF 値）という．曲線因子は，図 11.4 のグラフが直方体に近くなるほど値が 1 に近くなり，多くの電力を取り出せることを表している．曲線因子は開放電圧，短絡電流とならんで太陽電池の性能を示す指標の一つとなっている．

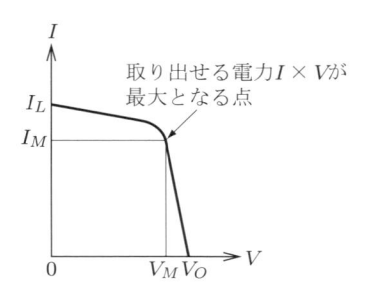

図 11.4 太陽電池の特性

Coffee Break：携帯電話の眼

テレビやステレオ，最近では照明器具までリモコンで操作できるようになってきた．これらのリモコンのほとんどが，GaAs 発光ダイオードからの赤外線を使って通信している．赤外線であるから，人間の眼には見えない．しかし，携帯電話のカメラ機能を使えば，リモコンで使っている赤外線を見ることができる．リモコンを携帯電話のカメラに向けてボタンを操作すると，赤外線が出ているのが見えるはずである．決して高級とはいえないカメラ機能であるが，人間が見えない赤外線を見ることができる点では，人間の眼を超えていることになる．

11.3 フォトダイオード

11.3.1 フォトダイオード

太陽電池は p-n 接合の空乏層に光を照射してエネルギーを取り出すことを目的とした素子であるので，応答速度は問題にならなかった．しかし，特定の信号で変調された光を p-n 接合に照射して信号を取り出す場合には，正確に信号を再現できるだけの応答速度が求められることになる．このように，光から情報を取り出すことを目的とした受光デバイスを**フォトダイオード**（photodiode）という．フォトダイオードでは，感度とともに応答速度が性能のもっとも重要な指標となる．

フォトダイオードに照射された光は，空乏層で電子－正孔対になる．フォトダイオードの動作速度を上げるには，この電子－正孔対を素早く外部回路に取り出すことが必要となる．半導体中の電子や正孔の移動速度 v_n や v_p はつぎのように表すことができ，いずれも電界 E に比例することになる．

$$\begin{aligned} v_n &= -\mu_n E \\ v_p &= \mu_p E \end{aligned} \tag{11.10}$$

これより，電子や正孔の移動速度を上げてデバイスの動作を素早くするには，電界を大きくすればよいことがわかる．

太陽電池では，p-n 接合の空乏層の拡散電位による電界を利用して，発生した電子 – 正孔対を移動させていたので，太陽電池を構成する材料で応答速度が決まっていた．

それに対し，大きな応答速度が求められるフォトダイオードでは，図 11.5 に示すように，空乏層の電界に外部からの逆バイアスによる電界を足し合わせて，空乏層に発生した電子と正孔に加わる電界を大きくしている．この大きな電界によって空乏層内の電子と正孔の速度を上げて，ダイオードの応答速度を大きくしているのである．

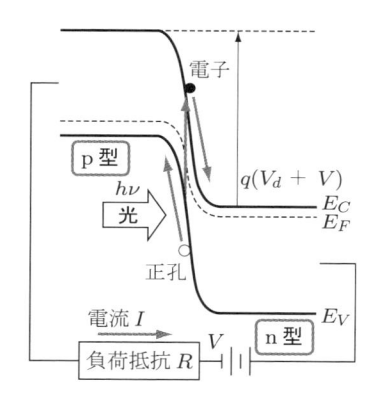

図 11.5　逆バイアスされたフォトダイオード

11.3.2　pin フォトダイオード

p-n 接合をもつフォトダイオードでは，空乏層に入射した光によって発生した電子 – 正孔対を電界で分離して，光信号を電気信号として検出している．したがって，空乏層の領域を広げることができれば，感度や応答速度を向上させることができる．この目的のために，p 型と n 型との間に高抵抗の真性半導体層（i 層）を形成したフォトダイオードを **pin フォトダイオード**（pin photodiode）とよぶ．この pin フォトダイオードの構造を図 11.6 に示す．外部から印加された逆バイアス電圧は，p-n 接合の空乏層だけでなく，高抵抗の i 層にも加わり，空乏層に加えて i 層内で励起された電子 – 正孔も，外部からの高い電界で加速されて出力電流となる．そのため，空乏層だけで検出する場合に比べて高感度で，かつ高速での光の検出が可能となる．pin フォトダイオードは，標準的なフォトダイオードとして幅広く用いられている．

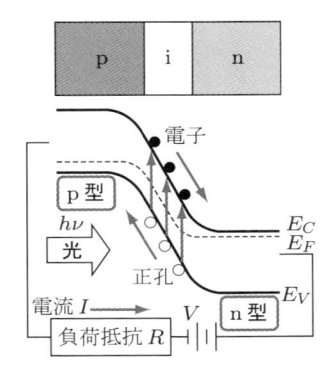

図 11.6 pin フォトダイオード

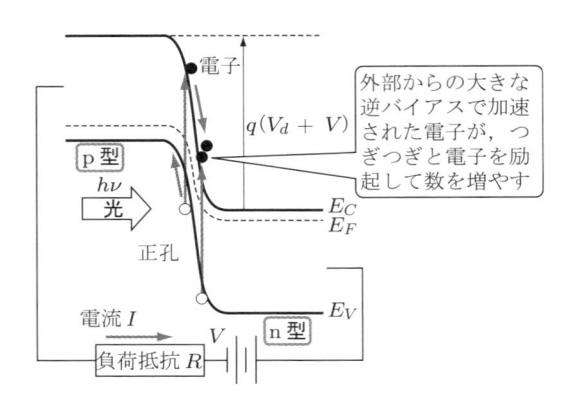

11.3.3 アバランシェフォトダイオード

フォトダイオードや pin フォトダイオードでは光信号を高速度で検出できるが，より微弱な光を高速で検出するためのデバイスとして，**アバランシェフォトダイオード** (avalanche photo diode: APD) がある．図 11.7 に示すように，APD は p-n 接合型フォトダイオードに，接合の降伏電圧に近い数 10～200 [V] 程度の逆バイアス電圧を印加して，光励起により生じたキャリアを大きな電界で加速する．そして，格子原子と衝突させてほかの電子をイオン化して新たなキャリアをつくる．この過程の繰返しによってキャリアは雪崩（アバランシェ）のように増加し，少しの光入力が大きな電気信号として出力される．これによって，APD は高感度に光子を検出することが可能となる．アバランシェ過程のキャリアの増幅率 M は

$$M = \frac{1}{1-(V/V_B)} \tag{11.11}$$

図 11.7 アバランシェフォトダイオードの原理

と表される．ここで，V は逆方向バイアス電圧，V_B は接合の降伏電圧である．

大きな電界によってキャリアが加速されるため，APD の応答速度は速く，10 GHz 程度の応答速度をもつ．また，通常のフォトダイオードでは，アンプの熱雑音で最小の検出限界が決まるが，APD では光信号を増倍作用によって高められるため，検出限界は増倍した電流の**ショット雑音**（shot noise）近くまで下がる．これらの特長のため，APD は主に光通信用受光素子として用いられる．光通信には石英系ファイバの伝送損失が少ない 0.8 μm 帯と，長波長の 1.3 μm 帯または 1.5 μm 帯が用いられているが，0.8 μm 帯にはシリコンを母材とした APD が，そして長波長帯では Ge もしくは InGaAs 系の APD が用いられている．

11.4 撮像素子

携帯電話にカメラ機能が搭載され，静止画や動画の撮影がごく身近になっている．この静止画や動画を取り込んで，電気信号に変えるのが**撮像素子**（image sensor）である．この撮像素子にはビデオカメラに搭載されている CCD 撮像素子と，比較的安価なスチルカメラや携帯電話のカメラに用いられている MOS 撮像素子がある．ここではこれらの動作原理を概観しよう．

11.4.1 CCD 撮像素子

2 次元情報である画像を処理するには，2 次元情報を順次走査して処理回路に転送する必要がある．そのためには，画像を構成する**画素**（pixel）の情報を順次読み出さなければならない．そのために用いられるのが **CCD**（charge coupled device）である．図 11.8 に，**インターライン型**（inter-line type）とよばれる CCD を用いた画像情報の転送の仕組みを示す．

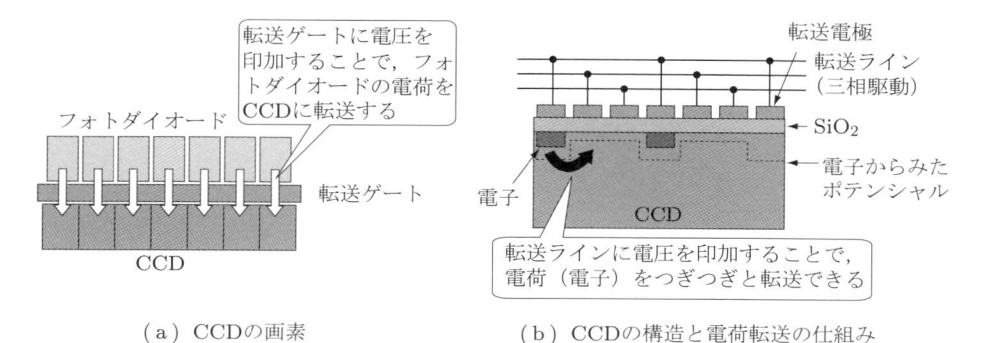

図 11.8 CCD の原理

図 (a) に示すように，一つの画素には，フォトダイオードと CCD が転送ゲートを介して配置されている．イメージを受けてフォトダイオードに発生した電荷は，転送ゲートに電圧を印加することで一斉に CCD に転送される．CCD に転送された電荷は，図 (b) に示すように，転送電極に三相電源によって印加された電位によってつぎつぎと隣の転送電極の下へと移動する．これによって，フォトダイオードで発生した電荷をつぎつぎと送り出すことが可能となる．

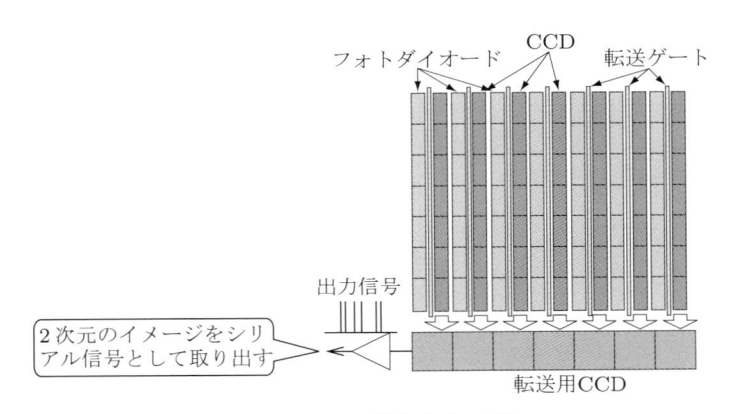

図 11.9 CCD 撮像素子の原理

撮像素子全体の配置を図 11.9 に示す．フォトダイオードで捕捉されたイメージの 1 コマは，即座にペアとなっている CCD に転送される．転送された電荷は，CCD によって一段下方に移動される．そして，最下段の電荷は転送用 CCD に移動される．その状態で転送用 CCD の電荷は左方に順次移動させられ，出力信号となる．転送用 CCD 内のすべての電荷が出力されると，全体の CCD の電荷が一段下方に移動させられて，再び転送用 CCD から最下段の電荷が出力される．これを繰り返して，すべての電荷が出力されると 1 枚のイメージがシリアル信号として出力されたことになる．動画では，この一連の動作を 1 秒間に 30～60 回繰り返している．

ここではフォトダイオードと CCD を組み合わせたインターライン型の CCD 撮像素子を紹介したが，転送用の CCD で直接イメージを電荷に変換できるようにして，受光面積を大きくした**フルフレーム・トランスファー型**（full-frame transfer type）CCD 撮像素子も開発されている．

11.4.2 MOS 撮像素子

MOS 撮像素子は，フォトダイオードと MOS トランジスタで構成されている．その概要を図 11.10 に示す．イメージによってフォトトランジスタに発生した電荷は，

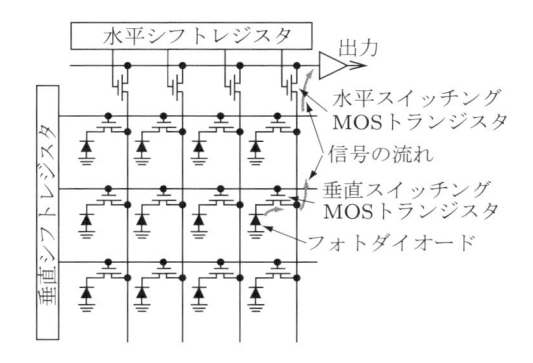

図 11.10 MOS撮像素子の概要

個々の MOS トランジスタのソースの p-n 接合に蓄積される．垂直シフトレジスタから特定の段の MOS トランジスタのゲートに電圧を印加すると，その段の電荷が取り出し可能となる．この状態で水平シフトレジスタから特定の列の水平スイッチングトランジスタのゲートに電圧を印加すると，垂直シフトレジスタによって読み出し可能となった段の特定の列の電荷を出力することができる．これをすべての MOS トランジスタの電荷を出力するまで順次行うことで，1 枚のイメージをシリアル信号として出力することができる．

MOS 撮像素子は，低照度で雑音が多くなることや，個々の画素が増幅機能をもつために，画素間の特性のばらつきが発生し，その補正回路が必要なことなどの欠点がある．しかし，CCD 撮像素子には通常の MOS トランジスタとは異なる工程やそのための設備も必要となり，信号処理などに用いる周辺回路を一緒に作製することができないといった問題がある．それに対して MOS 撮像素子では，ほかの MOS 集積回路と同様に汎用の設備で作製可能で，そのうえ，ほかの回路と同時につくることもできるため，撮像素子全体のコストを下げることができる．特性もフォトダイオードの性能向上や周辺回路の改良によって，CCD の特性に迫るものも開発されている．

演習問題

[1] AlGaAs のエネルギーギャップは 1.50 [eV] である．この材料で構成した LED のおおよその発光波長を求めよ．
[2] 太陽電池の開放電圧 V_O は，p-n 接合の拡散電位よりも小さくなる．その理由を考えよ．
[3] 図 11.4 の特性の FF 値を概算せよ．
[4] 100 万画素の動画撮影用 CCD の画素間の転送速度はどのくらいか．ただし，動画は 1 秒間に 30 コマとする．

第12章 光制御素子

これまでは，発光ダイオードや半導体レーザなどの光を発生する発光デバイスと，フォトダイオードなどの光を検出する受光素子について学んできた．しかし，光を自在に操るには，光の強度や位相を制御することも必要となる．本章では，発生した光の強度を変調したり，光をオン/オフしたりする光制御を行うデバイスについて学ぼう．

12.1 偏光板

自然光（ランダム偏光）から直線偏光を得る際に用いるのが**偏光板**（polarizing plate）である．自然光を直線偏光にする際に用いる場合をとくに**偏光子**（polarizer），偏光を通過させたり阻止したりする際に用いる場合を**検光子**（analizer）とよぶ．

偏光板にはプラスチック板を1方向に引き伸ばしたものと，偏光プリズムを用いたものがある．

12.1.1 プラスチック板を用いた偏光板

高分子材料である**ポリビニルアルコール**（polyvinyl alcohol: PVA）にヨウ素（I）化合物分子を吸着配向させたものを，図12.1のように1方向に引き伸ばすと，細長い形状をしたヨウ素化合物分子が1方向に整列する．この引き伸ばした板にランダム偏光を入射させると，高分子の整列した方向に電界面をもつ光の透過率が高くなり，直

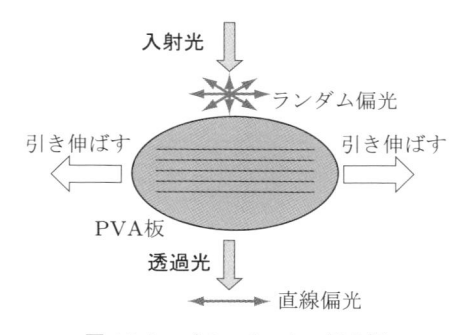

図12.1 プラスチックの偏光板

線偏光を得ることができる．偏光の質は高くないが安価で大面積のものがつくれるため，この偏光板は，液晶ディスプレイや偏光グラスなどに用いられている．

12.1.2 偏光プリズム

図 12.2 に示すように，ブルースター角となるようにカットしたプリズムにランダム偏光を入射させると，P偏光はそのまま透過するが，そのほかの光は反射されるため，P偏光のみを取り出すことができる．このように，偏光をつくる目的で作製されたプリズムをとくに**偏光プリズム**（polarizating prism）とよぶ．実際には界面が一つではなく，ブルースター角をもつ多数の界面を重ね合わせることで，偏光の質を上げている．

また，方解石などの複屈折性をもつ結晶が偏光方向によって異なる屈折角をもつことを利用した偏光プリズムもある．代表的なものにニコルプリズム（Nicol prism）やウォラストンプリズム（Glan-Thompson prism）などがある．偏光プリズムは高価であるが，偏光の質が前出の樹脂製に比べて格段によいので，主に計測などの用途に用いられている．

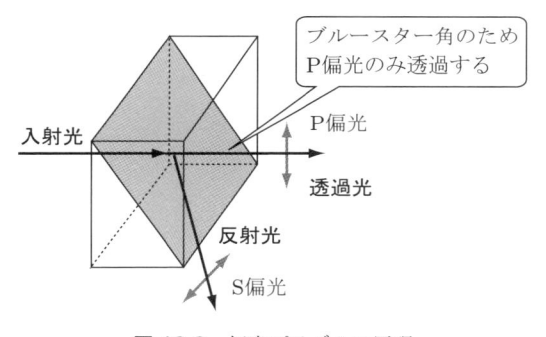

図 12.2 偏光プリズムの原理

12.2 位相板と波長板

結晶軸によって光学的特性の異なる**光学異方性**（optical anisotropy）をもつ媒質内では，屈折率も光波の電界の方向に依存する．すなわち，電界の方向によって光の伝搬速度が異なることになる．x方向とy方向の伝搬速度が異なると，媒質中では入射光は楕円偏光となり，偏光面が回転しながら進む．このように，電界成分間に位相差をつくる異方性結晶板を**位相板**（phase plate）とよんでいる．

図 12.3 のように，光学異方性媒質に直線偏光を入射させる場合を考える．入射光のx方向成分をE_x，y方向成分をE_yとすると，媒質中のx方向，y方向の電界は

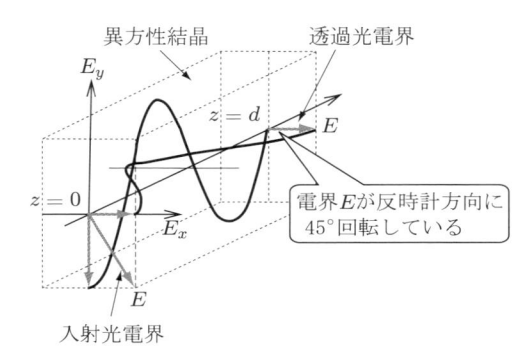

図中ラベル: 異方性結晶／透過光電界／E_y／$z=d$／E／電界Eが反時計方向に45°回転している／$z=0$／E_x／E／入射光電界

図 12.3 1/4 波長板による偏光の回転

$$E_x = E_{0x} \exp\{j(\omega t - n_x k_0 z)\}$$
$$E_y = E_{0y} \exp\{j(\omega t - n_y k_0 z)\} \tag{12.1}$$

となり，異方性結晶の終端 $z = d$ では

$$E_x = E_{0x} \exp\{j(\omega t - n_x k_0 d)\}$$
$$E_y = E_{0y} \exp\{j(\omega t - n_y k_0 d)\} \tag{12.2}$$

となるので，

$$\frac{E_x}{E_y} = \frac{E_{0x}}{E_{0y}} \exp\{j(n_x - n_y) k_0 d\} \tag{12.3}$$

となって，E_x は E_y より $(n_x - n_y) k_0 d$ だけ位相が遅れることになる．その結果，入射光の電界方向が回転することになり，その回転角は位相差に依存する．位相板のなかでも，とくに媒質の終端で x 方向と y 方向との位相差が $\delta = \pi/2$ となるような位相板を **1/4 波長板**（quarter-wave plate）といい，この位相板は入射光の電界を 45°回転させる．また，$\delta = \pi$ となるような位相板を **1/2 波長板**（half-wave plate）とよび，この位相板は入射光の電界を 90°回転させることができる．いずれも鉱物の顕微鏡観察や，次節で紹介する**光アイソレータ**（optical isolator）などに用いられている．

12.3 光アイソレータ

1 方向の光のみを通して，逆方向の光を通さない素子を**光アイソレータ**という．図 12.4 に，偏光板と 1/4 波長板とを組み合わせた光アイソレータの例を示す．偏光板に入射した光は直線偏光となって 1/4 波長板に入射する．このとき，1/4 波長板の軸を 45°

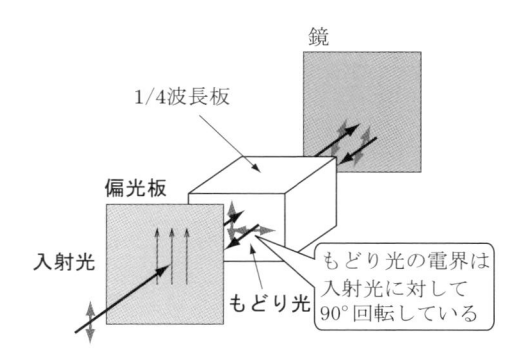

図 12.4　1/4 波長板を用いた光アイソレータ

傾けておくと，1/4 波長板を通過した光は電界方向が 45°回転する．その光が鏡で反射され，再び 1/4 波長板を通過すると，電界方向がさらに 45°回転して，偏光板の透過光方向と 90°ずれることになり，もどってきた光は偏光板を透過できない．

このように，光アイソレータでは入射光は透過するが，反射してきたもどり光は透過させないことがわかる．このような光アイソレータは，レーザ光が光源である半導体レーザにもどるのを嫌う光ディスクのピックアップなどに用いられている．

12.4　光変調器

レーザ光に種々の信号を乗せて変調するのに，現状では半導体レーザの駆動電流を変調する**直接変調**（direct modulation）法が主流となっている．しかし，無線送信機からのアナロジーでは，搬送波を発生する発振器と，搬送波と変調波を混合する変調器，そして増幅器とを，それぞれ別々の素子で構成したほうが，より安定した動作と良好な保守性が確保できる．このことは光通信でも同じで，搬送波を発生するレーザを一定電流や温度で動作させて安定した搬送波を発生させ，その搬送波を**光変調器**（optical modulator）で変調することが望まれる．

現状提案されている光変調器には，**電気光学効果**（electro-optical effect）を用いたものや，**表面弾性波**（surface acoustic wave）を用いた物などがある．以下では，いくつかの光変調器について概観することにする．

12.4.1　電気光学光変調器

外部から電界を加えることで，屈折率が電界に比例して変化する電気光学効果を用いて光強度を変調することができる．$LiNbO_3$ のような異方性をもつ強誘電体結晶に外

部から電界を印加すると，結晶軸によって異なった屈折率変化を生じる．いま，図 12.5 に示すように，直交する偏光板の間に $LiNbO_3$ 結晶を配置し，レーザ光を入射すると，x 方向と y 方向とで屈折率が異なるため，偏光板で直線偏光となった入射光は，第 3 章で述べたように楕円偏光となる．そのため，光の一部は直交している検光子を通過する．

この際に $LiNbO_3$ 結晶の c 軸方向に電界を加えると，結晶の x 方向と y 方向とで屈折率の変化率が異なるため，楕円偏光の長軸方向が変化し，検光子を通過する光の量が異なってくる．そのため，結晶に印加する電圧を変化させることで，通過する光の量を変化させることが可能となり，光を強度変調することができる．

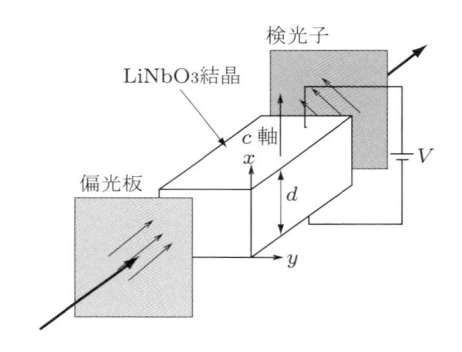

図 12.5 バルク型電気光学効果による光変調器

─ Plus α：電気光学効果 ─

電気光学効果とは，物質に電界を印加した際に屈折率が変化する現象全般を指す．屈折率の変化が電界の強さに比例する現象は，1893 年にドイツ人のフリードリッヒ・ポッケルス（Friedrich Carl Alwin Pockels: 1865–1913）によって発見され，**ポッケルス効果**（Pockels effect）とよばれている．また，電界の強さの 2 乗に比例する現象は，1875 年にスコットランド人のジョン・カー（John Kerr: 1824–1907）によって発見され，**カー効果**（Kerr effect）とよばれている．ポッケルス効果が圧電性を示す対称性の結晶に限って現れるのに対して，カー効果はすべての対称性の物質で観測できる．電気光学効果の大きな物質は，光の変調や偏光素子，光シャッターとして利用されている．

12.4.2 導波路型電気光学光変調器

導波路の方向性結合器によって，一方の導波路からほかの導波路へと光を移すことで強度変調を行う光変調器が**導波路型電気光学変調器**（guided-wave electrooptic modulator）である．その概要を図 12.6 に示す．導波路型電気光学変調器では，接

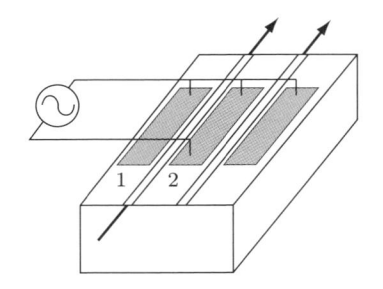

図 12.6　バルク型電気光学効果による光変調器

近して配置された二つの導波路間の光パワーのやりとりを制御し，強度変調を行っている．

きわめて近い伝搬定数をもつ二つの導波路を接近させると，双方の間に両方のパワーが足し合わされる偶モードと，逆に引かれる奇モードが生じる．そのモードを外部電圧で制御することで，出力光の強度を制御できる．

12.5　光偏向器

レーザ光に限らず，光ビームを任意の方向に照射したいという要求は，多くの分野で存在する．とくに，一定の範囲を往復させることを**走査**（scan）といい，いろいろなところで利用されている．

もっとも原始的で，いまでも広く用いられているのが，図 12.7 に示す**回転多面鏡**（polygon mirror）を用いる手法である．レーザからの光は多面鏡の回転に伴って反射方向が変わる．多面鏡が一定の角度まで回転すると，隣接する鏡がレーザ光を反射するようになり，再び走査が始まる．

また最近では，**MEMS**（micro electro mechanical systems）技術を応用した，鏡による走査も実現されている．図 12.8 にトーションバー型マイクロミラーの例を示

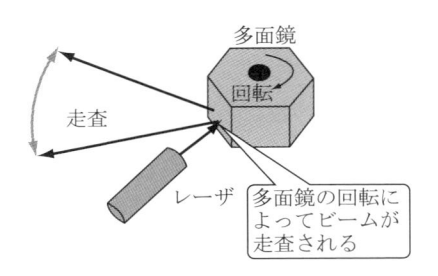

図 12.7　回転多面鏡による偏向

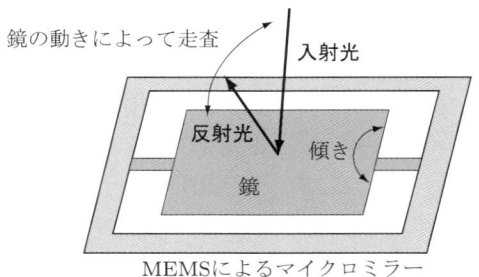

図 12.8 マイクロミラーによるレーザ光の走査

す．シリコンを加工して作られた**トーションバー**（torsion bar）上にマイクロミラーを形成している．このトーションバーを静電力や圧電素子で傾けることで，レーザ光の偏向を可能にしている．このマイクロミラーを応用したプロジェクターも実用化されている．

また，動的な部分のない偏向器も開発されている．図 12.9 に，**表面弾性波**（surface acoustic wave）を用いた光偏向器を示す．櫛形電極に超音波電圧を印加することで，表面弾性波を発生させて基板上に超音波の回折格子を形成させる．この際の回折角は，回折格子の周期を Λ，入射光の波長を λ とすると，

$$\theta = \sin^{-1}\left(\frac{\lambda}{2\Lambda}\right) \tag{12.4}$$

となる．これより，回折角 θ は表面弾性波の波長 Λ に依存するため，櫛形電極に印加する超音波電圧の周波数を変化させることで，回折角を変えることができる．

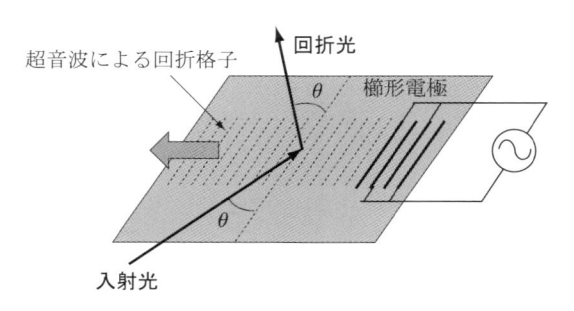

図 12.9 超音波によるレーザ光の偏向

演 習 問 題

[1] 六角形の鏡をもつ多面鏡を 3600 [rpm] の回転数のモータで駆動した．レーザ光の 1 回の走査時間を求めよ．

[2] 表面弾性波を用いて波長 650 [nm] のレーザ光を偏向したい．周波数 350 [MHz] の超音波を用いると，どのくらいの角度を偏向できるか．ただし，表面弾性波の速度を 4200 [m/s] とする．

第13章 光エレクトロニクスの応用

これまで述べてきた光エレクトロニクスは，昨今では産業分野のみならず，私たちの日常生活にも深く入り込んでおり，知らない間に光エレクトロニクスのお世話になっていることも多々ある．ここでは光エレクトロニクスの主な応用例の原理や構造を紹介しよう．

13.1 光通信システム

光エレクトロニクスの最大の応用例は，**光通信**（optical communication）システムであろう．光通信システムは帯域が広く，扱えるデータ量が同軸ケーブルに比べて格段に多いことや伝送損失が小さいこと，電磁誘導を受けないためノイズに強いこと，伝送路が軽いことなど，多くのメリットをもっている．

私たちが普段使っている電話やインターネット，銀行や企業，役所などのデータ回線も，ほぼすべてこの光通信システムのお世話になっている．この光通信システムの基本的な構成を図 13.1 に示す．伝えるべき音声やデータは，**搬送波**（carrier wave）となる半導体レーザの光に乗せられて光ファイバへと導かれる．搬送波に信号を乗せることを**変調**（modulation）という．光ファイバ中を伝搬した光は，出口で pin フォトダイオードや APD によって再び電気信号に変換され，受け手に伝えられる．搬送波に乗った信号を取り出すことを**復調**（demodulation）とよんでいる．

通常，音声などの**アナログ信号**（analog signal）は**デジタル信号**（digital signal）に変換されて，**パルスコード変調**（pulse code modulation: PCM）方式で半導体レーザ

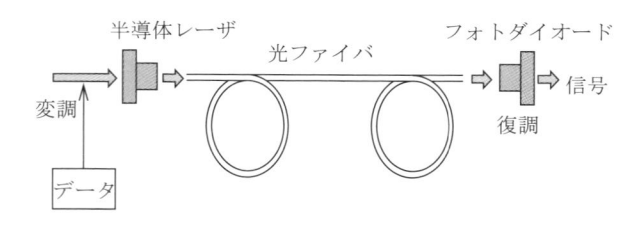

図 13.1 光通信システムの構成

の光に乗せられる．長い距離を伝搬させても，モード分散によって光信号が崩れないように，光ファイバには通信用の単一モード光ファイバが用いられる．また，伝送損失が小さくなるように，搬送波の波長には，光ファイバの損失のもっとも小さい1.55 [μm] 帯の光が用いられることが多い．

13.2 表示デバイス

13.2.1 液晶ディスプレイ

■表示の原理と構造

液晶ディスプレイ（liquid crystal display: LCD）は，偏光板と，光の偏光面を制御する**液晶セル**（liquid crystal cell）を使って光をオン/オフする，一種の**光シャッター**（light shutter）で構成されている．図13.2にその仕組みを示す．

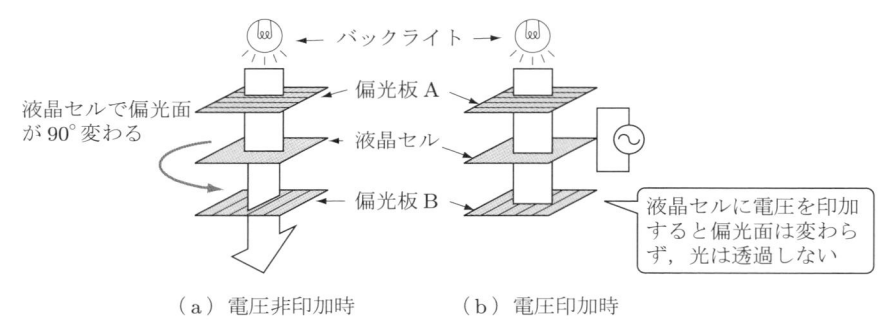

図13.2 液晶セルによる光シャッター

図(a)に示すように，**バックライト**（backlight）から発せられたランダム偏光は，偏光板Aによって直線偏光となる．直線偏光となった光は，液晶分子の詰まったセルを通過する間に，液晶分子の配列の回転に沿って偏光面が90°曲げられる．その結果，光は偏光板Aと直角方向に透過面をもつ偏光板Bを通過できる．いま，図(b)に示すように，液晶セルに電圧を印加すると，それまで90°曲げられていた偏光面が，そのまま回転せずに偏光板Bに入射するようになる．その結果，光は偏光板Bを透過できず，光は液晶セルを透過しなくなる．このように，液晶は光を通過させたり，阻止したりできる光のシャッターとして動作する．

液晶セル内の液晶分子の様子を図13.3に示す．液晶セルは，細長い形状をもつ液晶分子を，表面に細い溝を形成したガラス板で挟んだ構造をしている．ガラス板の近傍の液晶分子は，ガラスにつくられた溝に沿って配列するようになる．ガラス板に形成した溝の方向が図のように上下のガラスで90°ずれるように配置しておくと，液晶

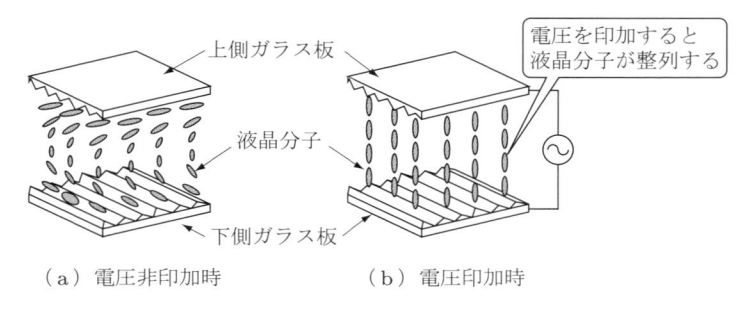

図13.3 液晶セル内の分子

（a）電圧非印加時　（b）電圧印加時

分子はガラスの近くでは溝に沿って配列しているが，ガラスから離れるにしたがって，図(a)に示すように上下のガラスの間で徐々に回転しながら90°ねじれることになる．セルの上方から上のガラス板の溝の方向に偏光させた光を入射させると，光の偏光面が液晶分子のねじれにそって徐々に回転し，下のガラス面に達したときには，液晶分子の配列と同じように上面の溝の方向から90°回転している．

細長い形状をもつ液晶分子は，電気的には長軸方向に正負の電荷が分かれて，**分極**（polarization）している．分極している液晶分子に電界を印加すると，**クーロン力**（Coulomb's force）によって長軸方向が電界の方向にそろうようになる．その結果，図(b)のように液晶セルの上下方向に電界を加えると，液晶分子が電界に沿って縦方向に整列する．液晶分子が縦に整列すると，それまで液晶分子によって偏光面が90°回転していた入射光は，偏光面が回転することなくそのまま液晶セルを通過するようになる．

このように，液晶セルに電圧を印加することで，入射した偏光の偏光面を90°回転させたり，そのまま通過させたりできることがわかる．この液晶セルと2枚の偏光板を組み合わせることで，図13.2で述べたような光シャッター機能を実現することができる．

■液晶ディスプレイの構造とカラー表示

図13.4に液晶ディスプレイの構造を示す．液晶セルの上下には液晶に電界を印加するための**透明電極**（transparent electrode）が配置され，その上下を通過する偏光面を90°ずらせた偏光板で挟んでいる．図には示していないが，図の下部にはバックライトが配置されている．現実の液晶ディスプレイには図に示したもの以外に，駆動用の**薄膜トランジスタ**（thin film transistor）などが加わり，きわめて複雑な構造となっている．

カラー表示が可能な液晶ディスプレイの画素は，図13.5に示すように，光の3原

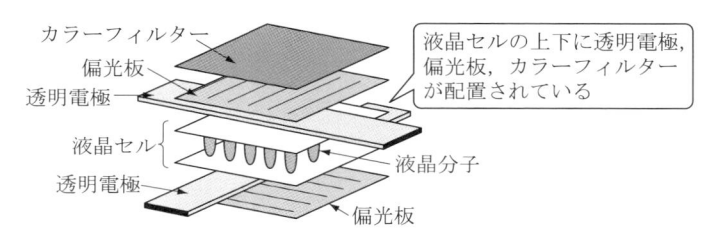

図 13.4 液晶ディスプレイの構造

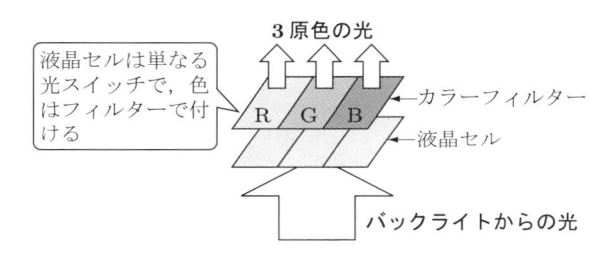

図 13.5 液晶によるカラー表示の原理

色である赤（R），緑（G），青（B）のカラーフィルターをもつ三つの液晶セルで構成されている．3原色のフィルターを通過する光の量を，それぞれ液晶セルの光シャッターのオン/オフ時間で制御すると，個々の画素で3原色が適当な割合で混じり合って所望の色となり，画像のカラー表示が実現される．

13.2.2 エレクトロルミネッセンス

ZnS（硫化亜鉛）を使ったエレクトロルミネッセンス（electroluminescence: EL）とよばれる面発光装置は古くから知られており，計器板の表示部などにも一部実用化されてきた．この EL は，発光材として無機物を使うことから，最近脚光を浴びている有機物を使った**有機 EL**（organic electroluminescence）に対して，**無機 EL**（inorganic electroluminescence）とよばれている．

無機 EL の構造を図 13.6 に示す．ガラス基板上に透明電極と Mn を添加した ZnS，SiO_2 などの絶縁膜，最後に金属電極を形成する．形成した電極間に 100〜200 [V] の交流電圧を印加することで，黄緑色の発光が得られる．当時としては夢の面光源であったが，輝度が低いことや，動作に高電圧が必要なことから，広く普及することはなかった．

それに対して，携帯電話や薄型テレビのディスプレイとして最近脚光を浴びているのが，発光材に有機物質を用いた有機 EL である．有機 EL は有機薄膜にキャリアを注入し，蛍光色素上で再結合させて発光する注入型素子である．そのため，**有機発光**

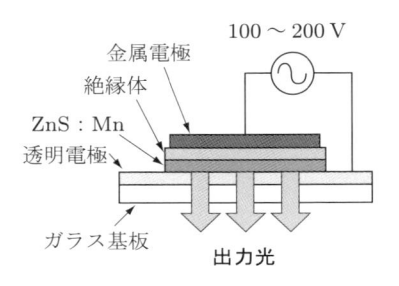

```
              100～200 V
      金属電極
      絶縁体
      ZnS : Mn
      透明電極
      ガラス基板   出力光
```

図 13.6　無機 EL の構造

ダイオード（organic light-emitting diode: OLED）ともいわれ，発光ダイオードの一種に分類されることもある．

有機 EL の構造の一例を図 13.7 に示す．**ITO**（indium-tin oxide）などの透明電極が形成されたガラス基板に**ジアミン誘導体**（diamine derivative），正孔輸送層としての **Alq3**（tris（8-hydroxyquinoline）aluminum）および金属電極を作製する．この素子に透明電極が正，金属電極が負になるように 10 [V] 程度の電圧を印加すると，ジアミン誘導体から発光層である Alq3 に正孔が注入されて発光する．特長としては，視野角が広く視認性がよい，駆動電圧が低い，応答速度が速い，構造が単純なことなどがある．

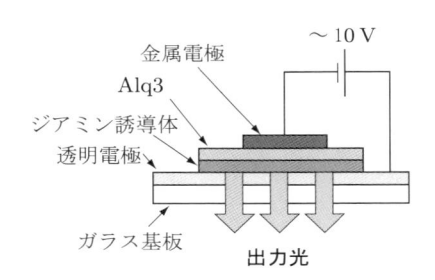

```
                    ～10 V
      金属電極
      Alq3
      ジアミン誘導体
      透明電極
      ガラス基板   出力光
```

図 13.7　有機 EL の構造

有機 EL は，新たな発光層やキャリア輸送層がつぎつぎと開発されてフルカラー化も可能になった．効率や輝度などの性能は日進月歩で向上している．構造が簡単なこともあり，柔らかなプラスチックシート上に形成することで，フレキシブルなディスプレイも開発されるなど，その可能性や応用範囲も広がっていくと期待されている．

13.3 照 明

青色発光ダイオードの開発により，蛍光体との組合せで白色光を発する LED が容易に入手できるようになった．LED は従来の電球や蛍光灯に比べて消費電力が少なく，寿命も長いなどの特長があり，この白色 LED を光源とした照明が急速に普及しつつある．ここでは，白色 LED を用いた電球と蛍光灯の概要を紹介する．

■ LED 電球

図 13.8 に，**LED 電球**（LED light bulb）の一例を示す．LED 電球内部は，LED を駆動するための電源回路，LED をマウントした基板，それに LED が発する熱を逃がすための放熱板，そして LED を保護するためのプラスチックもしくはガラス製のカバーなどから成っている．また，これまでの白熱電球と同じ口金をもっており，従来のソケットにそのままねじ込むことで使用できるようになっている．

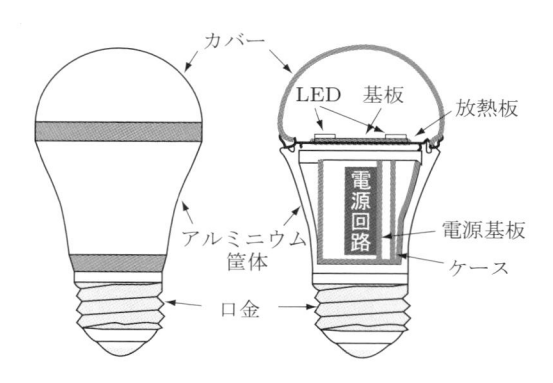

図 13.8 LED 電球の構造例

従来の白熱電球と交換することで，たとえば 60 W の電球を 60 W の白熱電球相当の LED 電球に交換すると，その消費電力は約 5 W 程度となり，10 分の 1 程度の電力しか消費しないことになる．また，白熱電球の寿命が 2000 時間程度であるのに対して，LED 電球の寿命は 50000 時間と大きく改善されている．長期間電球の交換が不要となるため，信号機などへの導入が進んでいる．

■ LED 蛍光灯

LED 電球と同様に，LED を発光源とした蛍光灯も普及が進んでいる．**LED 蛍光灯**（LED fluorescent lamp）も形状が異なるだけで，基本的な構造は LED 電球と同じである．LED 蛍光灯の代表的な構造を図 13.9 に示す．電源回路と LED が搭載さ

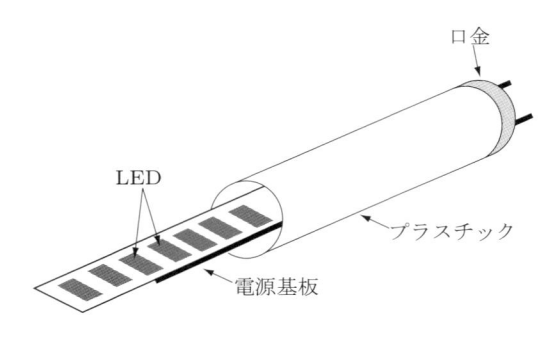

図 13.9 LED 蛍光灯の構造

れた基板がプラスチックのカバーに収納されている．口金は従来の蛍光灯に合わせたものと，独自の規格のものとがある．

60 W の白熱電球相当の蛍光灯は十数 W の電力を消費するのに対して，LED 蛍光灯は 5 W 程度なので，従来の蛍光灯を LED に交換すると，50～70%程度電力を節減できることになる．また，従来の蛍光灯の寿命は一般的に 6000～10000 時間程度といわれており，LED 蛍光灯に交換することで，交換時期を 5 倍程度に延ばすことができる．

さらに，従来の蛍光灯は，水銀蒸気の紫外線放電を利用しているため，光にわずかな紫外線が含まれるが，LED 蛍光灯の光には紫外線がまったく含まれないことや，従来の蛍光灯が 50～60 Hz の商用周波数（インバーター式でも数 10 kHz の周波数）で点滅しているのに対して，LED 蛍光灯は基本的に直流で動作させるため，チラつきがないことなども特長として挙げられる．

■面光源

液晶のバックライトに代表されるように，平面全体から均一な光を出したいという**面光源**（surface light source）の要求は根強いものがある．面光源は面全体に光源を分布させても実現できるが，コストが高くなるという問題がある．そのため，液晶のバックライトでは，放電管や LED の光を**導光板**（light-guiding panel）で導いて，あたかも面全体が光っているように見せている．

導光板の構造を図 13.10 に示す．図 (a) では，プラスチック製の導光板の底面に光を反射する円形の金属膜が形成されている．導光板を全反射しながら進んできた光は，この反射板に当たると反射角が変わって導光板から上方に出射される．反射板を全体に分布させておくことで，上方から見ると，あたかも導光板全体から光が出射しているように見える．

13.4 光記録

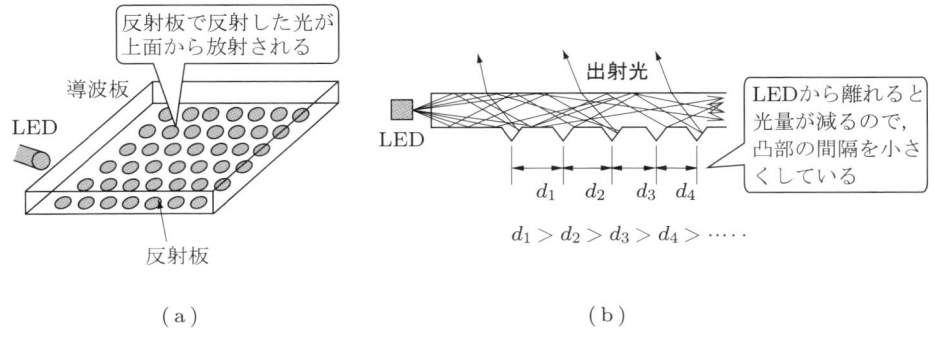

図13.10 (a) 導波板/LED/反射板/反射板で反射した光が上面から放射される
図13.10 (b) LED/出射光/d_1, d_2, d_3, d_4/$d_1 > d_2 > d_3 > d_4 > \cdots$/LEDから離れると光量が減るので，凸部の間隔を小さくしている

図 13.10　導光板の構造

　また図 (b) では，反射板の代わりに導光板の底面に凸部が設けてあり，導光板を進んできた光がこの凸部に当たると，角度が変わって導光板の上方に出てくる．この場合も，凸部を導光板全体に分布させることで，上方から見ると導光板全体が光っているように見える．また，この場合は凸部の間隔を，光源である LED に近く光が強いところでは粗に，そして LED から遠くなるにしたがって徐々に密にすることで，光の均一性を向上させている．これらの技術により，私たちが日常使っている携帯電話の液晶ディスプレイの多くは，1 個の LED で全体を光らせている．

Coffee Break：液晶バックライト

　液晶ディスプレイの要素技術の一つにバックライトがある．バックライトは，放電管や LED などの線や点から出射された光を，液晶ディスプレイ全体に対して，あたかも面状の光源から光が発しているように見せるものである．何気ない技術に見えるが，多くの知恵と工夫の塊である．とくに，液晶ディスプレイの薄膜化が求められるなかで，いかに薄い構造で多くの光を効率よく面状にするかがポイントとなっており，多くの特許も出願されている．

13.4 光記録

13.4.1　CD と DVD

　CD（compact disc）は 1981 年に発表された音楽データの記録用媒体で，厚さ 1.2 mm のプラスチック製のディスクの内部のアルミニウム蒸着膜にデータを記録するものである．テープやレコードなどの従来の記録媒体と異なり，完全非接触でデータの読み書きができる点で，画期的な記録方式であった．図 13.11 に示すように，CD ではデータはアルミニウム蒸着膜にピットとよばれる幅 0.5 [μm]，長さが数 μm の小さなくぼ

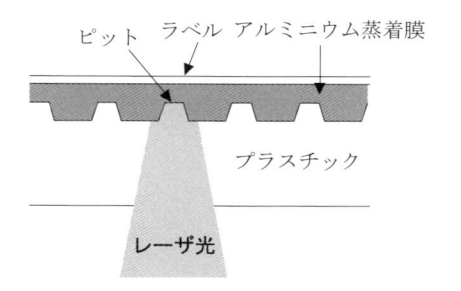

図 13.11　CD データの読み取り

みとして記録されており，このピットの有無を波長 780 [nm] のレーザ光で検出している．ピットとそれ以外のところからの反射光がちょうど 1/2 波長の位相差をもつようにつくられているため，ピット以外のところではレーザ光はふつうに反射するが，ピットのあるところではピット部分とピット以外のところからの反射光が打ち消し合って弱くなり，ピットの有無を検出できるようになる．

　音楽 CD では，読み取った信号をオーディオ信号に復調して音楽を再生する．1 枚の CD は約 650〜700 [MB] の容量をもち，収録時間は約 74 分〜80 分である．ピットの列をトラックといい，トラックは 1.6 [μm] 間隔で内側から外側へと渦巻状に刻まれている．CD の光沢は，このトラックで回折した光の干渉によるものである．

　DVD（digital versatile disc）は厚さ 0.6 [mm] のプラスチック製の円盤を 2 枚張り合わせたもので，外形などは CD と同じサイズになっており，記録層が 1 層と 2 層のものがある．両面に記録することも可能であり，それに伴って記録容量も 4.7 [GB] から 17 [GB] へと増加している．CD と同様にピットで情報を記録するが，ピットサイズは CD よりも小さく，トラックの間隔も 0.74 [μm] と格段に小さい．読み取りには波長 650 [nm] の赤色半導体レーザ光を用い，CD と同様に，ピットの有無を反射光の強度で認識する．CD および DVD には再生専用のものと書き換えが可能なものとがあり，それぞれ CD-ROM, DVD-ROM および CD-RW, DVD-RW とよばれている．

　なお，読み取りに用いるレーザ光の波長によって，読み取りのためのスポット径が異なり，780 [nm] のレーザ光を用いている CD では 1.7 [μm] のスポット，波長 650 [nm] のレーザ光で読み取る DVD では 1.1 [μm] のスポットとなっている．そして最近急速に普及が進んでいる**ブルーレイディスク**（blu-ray disc）では，波長 405 [nm] の青色のレーザ光を用いてディスク上で 0.5 [μm] のスポットに絞り込み，トラックピッチも 0.32 [μm] ときわめて高密度の記録が可能となっている．そのため，ブルーレイディスクは 1 層で 25 [GB]，2 層で 50 [GB] もの記録容量となっている．

13.4.2 光磁気記録

非晶質の希土類磁性体の一部をレーザ光で加熱して磁性を消失させて，常温にもどる際に外部磁場によって情報を記録する**光磁気ディスク**（magneto-optical disk: MOディスク）が外部記憶装置として用いられている．このディスクの構造を図 13.12 に示す．記録層には，希土類系の非晶質磁性体である TbFeCo が用いられ，この両側を窒化シリコンの膜で挟んでいる．TbFeCo が磁性を喪失する**キュリー温度**（Curie temperature）は 300 ℃ 程度であり，膜の一部を半導体レーザの光でこの温度まで加熱することで磁性を失わせ，その後冷却される過程で，外部磁界により情報が書き込まれる．

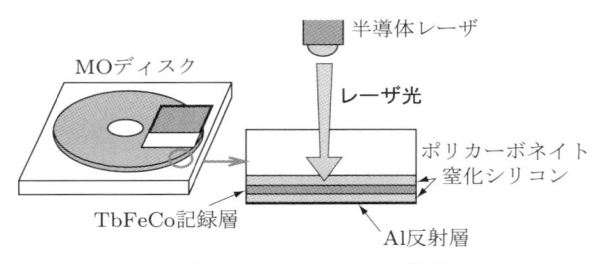

図 13.12 MO ディスクの構造

書き込まれた情報は，反射光の電界方向が磁化の向きによって影響を受ける**磁気カー効果**（magnetic Kerr effect）によって読み出す．その原理を図 13.13 に示す．半導体レーザからの光は，偏光板で直線偏光にされた後に，**半透鏡**（half mirror）を通して MO ディスクの記録面に集光される．記録面で反射された光は，半透鏡で向きを変えて検出される．このとき，記録面の磁化の向きによって直線偏光である入射光の電

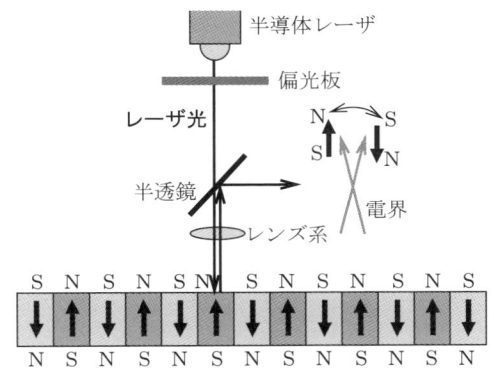

図 13.13 MO ディスクの読み出し

Coffee Break：半導体と磁気メモリ

垂直磁化膜である**オルソフェライト**（orthoferrite）や**磁性ガーネット**（magnetic garnet）内につくった泡状の**磁気バブルドメイン**（magnetic bubble domain）を使ったメモリがベル研究所のボーベック（Andrew Bobeck: 1926–）によって提唱され，次世代メモリの本命として，1960 年代に多くの研究者によって開発が進められた．その当時は「トランジスタ以来の大発明」とか，「これまでにもっとも早く研究が進展した分野」などともてはやされて開発された磁気バブルドメインメモリは，人工衛星や一部のパソコンに搭載された．しかし，半導体メモリの大容量化や低価格化の波にのまれ，磁気バブルメモリは瞬く間に姿を消すことになった．大容量メモリの分野では，まだ磁気ディスクが主であるが，今後の半導体メモリの技術開発や価格によっては，それらはやがて半導体メモリ（シリコンディスク）に取って代わられるであろう．

界方向がカー効果によって影響を受け，磁化の向きが逆だと電界方向が反対方向に回転する．そのため，反射光を偏光板に通して検出することで，磁化の向きを検出できることになり，記録された情報を読み出すことができる．

このように，光磁気記録は，レーザ光によって磁性体を加熱することで情報を操作しているため，正確には「熱磁気記録」とよぶべきであろう．MO ディスクはランダムアクセスが可能なことや，高い信頼性，それに 1000 万回を超える書き換え回数などの特長をもっており，一時期かなりの割合で普及した．しかし，その後安価な CD-R や半導体メモリに押されて，いまではごく限られた用途でしか使われていない．

13.5 情報機器

13.5.1 バーコードリーダ

数字や文字，記号などの情報を縞模様の線の組合せによって表示したものを**バーコード**（barcode）とよび，バーコードを読み取る装置を**バーコードリーダ**（barcode reader）という．バーコードリーダにはレーザを用いるものと，発光ダイオードを用いるものがある．図 13.14 に，レーザを用いたバーコードリーダの構成を示す．

レーザ光は高速で回転する回転多面鏡で反射され，ある一定範囲を往復運動する．このように，光を一定範囲で往復運動させる装置を**光スキャナ**（optical scanner）とよぶ．光スキャナの光がバーコード上を走査すると，バーコードの有無によって，バーコードからの反射光の強度が変わる．この強度変化をフォトダイオードなどで検出することで，バーコードを読み取ることができる．

発光ダイオードを用いる場合は，このような光の走査が困難なので，受光器として，ある範囲の光のパターンを読み取ることができる CCD などの 1 次元**イメージセンサー**

(image sensor) を用いている．初期のバーコードは縞模様の線の組合せからなる1次元バーコードが主体であったが，いまでは2次元平面に配置した，より多くの情報を含む2次元コードが普及しており，CCDカメラで読み取っている．

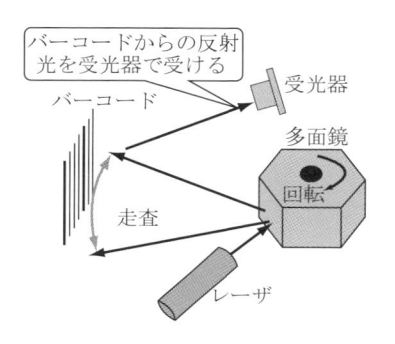

図 13.14 バーコードリーダの構成

Plus α：カー効果とファラデー効果

　MOディスクのところで述べたように，磁気カー効果は直線偏光が磁性体で反射される際に，磁性体の磁化の向きによって偏向の電界面の方向が回転する現象であった．同じように，直線偏光が磁性体を透過すると，磁性体の磁化の向きによって電界面が回転する現象を，発見者のマイケル・ファラデー（Michael Faraday: 1791–1867）の名前をとって**ファラデー効果**（Faraday effect），もしくは**ファラデー回転**（Faraday rotation）という．図 13.15 に示すように，電界の回転方向は磁気カー効果と同様，磁化の向きによって逆方向になる．

　MnBiやオルソフェライト，磁性ガーネットなど，ファラデー効果の大きな磁性体薄膜では，磁性体内の磁化の向きがそろっている**磁区**（magnetic domain）を偏光顕微鏡で容易に観測することができる．ファラデー効果も磁気カー効果と同様に，磁性体の情報の読み出しに用いられている．

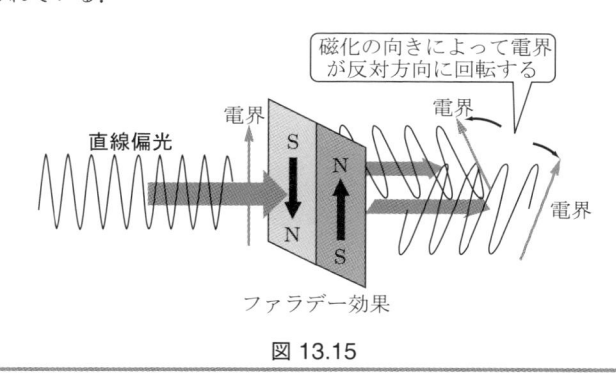

図 13.15

13.5.2 レーザプリンタ

レーザプリンタはレーザビームプリンタ（laser beam printer: LBP）ともよばれ，レーザ光を利用して，感光体に**トナー**（toner）とよばれる微細な粉末状のインクを付着させ，それを紙に転写して印刷を行うプリンタであり，コンピュータからのデータを紙1ページごとに印刷できる．

図 13.16 にレーザプリンタの構成を示す．感光体を塗布した**感光ドラム**（photosensitive drum）をチャージャーで一様に帯電させ，その感光ドラム上にレーザ光を用いて文字や画像を**露光**（exposure）する．感光ドラムの露光された部分は電荷が失われるため，レーザ光で描いた文字や画像は，電荷の有無として感光ドラム上に記録される．このドラムにトナーを付着させて，それを紙に転写し，熱でトナーを溶かして圧力をかけて紙の上に定着させると，レーザ光で描いた文字や画像が印刷される．

現在では，4色のトナーを用いることでカラー印刷を可能にしたもの，ほとんど同じ構造であるコピー機の機能をもたせたものやFAX機能をもたせた，いわゆる複合機が市販されて広く普及している．

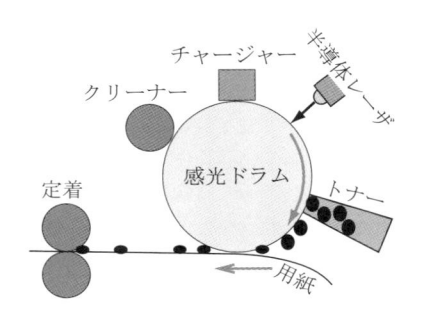

図 13.16 レーザプリンタの構成

13.6 計測機器

光は計測の分野でも広く応用されている．なかでも距離センサは広く産業分野で利用されている．また，光ジャイロスコープは航空機などの姿勢制御に用いられている．

13.6.1 距離センサ

図 13.17 に三角測量の原理を用いたレーザ距離計の構造を示す．半導体レーザからの光はレンズ系を通って測定対象物に照射される．測定対象物で反射されたレーザ光は受光レンズを通してCCDなどの**光位置検出素子**（position sensitive device: PSD）

で検出される．測定対象物までの距離によって，PSD 上の反射光の位置が変化するため，PSD の出力から測定対象物までの距離を求めることができる．

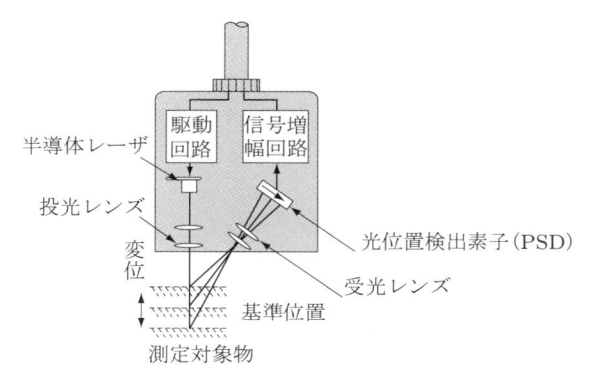

図 13.17 レーザ距離計の原理

また，図 13.18 には**マイケルソン干渉計**（Michelson interferometer）を用いた距離計測の原理を示す．レーザ光は半透鏡で光路 A と光路 B に分けられる．光路 A のレーザ光は固定された鏡 A で反射し，光路 B のレーザ光は，測定対象物に付けられた鏡 B で反射してもどり，半透鏡で再び合成されて光センサで検出される．このとき，光路 A と光路 B の光で干渉が生じて光の強度が変化し，変化の周期は 1/2 波長の整数倍となる．そのため，測定対象物が Δx 変位した際に干渉の強度変化が m 回生じると，

$$\Delta x = m\frac{\lambda}{2} \tag{13.1}$$

となり，測定対象物の変位を求めることができる．

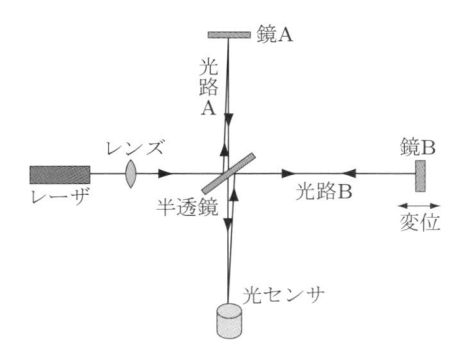

図 13.18 マイケルソン干渉計による距離計測

13.6.2 光ジャイロスコープ

ジャイロスコープ（gyroscope）とは，架台が回転しても常に同じ向きを指す装置であり，**光ファイバジャイロスコープ**（optical fiber gyroscope）は，光の干渉を利用して機械的な回転を検出するものである．図 13.19 に光ファイバジャイロスコープの構成を示す．レーザからの光は，半透鏡で二つに分けられてファイバに導入され，リング状に巻かれた光ファイバループ中をそれぞれ反対方向に進んだ後に，光ファイバから出射して再び半透鏡で合成されて受光器に入る．光ファイバループが静止していれば，それぞれの光の光路は同じであり，位相差もゼロとなる．しかし，図 13.19 の矢印で示すように，系全体が時計回りに角速度 ω で回転しているとすると，時計回りの光は半透鏡に到達するまでに余分に時間がかかり，逆に半時計回りの光は早く半透鏡に到達する．その結果，二つの光の間に位相差が発生する．この効果を**サニャック効果**（Sagnac effect）という．このときの位相差 δ は次式で表される．

$$\delta = \frac{8\pi A n \omega}{\lambda c} \tag{13.2}$$

ここで，A は光ファイバループの面積，n はファイバの屈折率，c は光速度，λ はレーザの波長である．この式から，光ファイバジャイロスコープの感度を上げるには，半径を大きくしてループの面積を増加させればよいことがわかる．また，ループの巻数を増やすと，巻数に比例して感度も向上する．

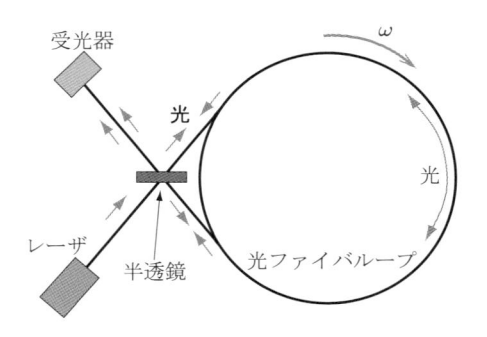

図 13.19 光ファイバジャイロスコープの構成

演 習 問 題

[1] 無機 EL が普及しなかった原因を考えよ．
[2] 有機 EL は液晶表示よりも視野角が広いとされている．その理由を考えよ．
[3] 光通信の帯域が広いことを説明せよ．
[4] 405 [nm] の青色レーザを用いるブルーレイディスクは，780 [nm] の赤外レーザを用いる CD よりも何倍程度記録密度が高いか．
[5] 式 (13.2) を導け．

付　表

【物理定数表】

電子の電荷量（電気素量）	1.6022×10^{-19} [C]
電子の静止質量	9.1094×10^{-31} [kg]
電子の比電荷	1.7588×10^{-11} [C/kg]
ボルツマン定数	1.3806×10^{-23} [J/K]
プランク定数	6.6261×10^{-34} [J/s]
真空中の光速度	2.9979×10^{8} [m/s]
リュードベリ定数	1.0974×10^{7} [1/m]
真空の誘電率	8.8542×10^{-12} [F/m]
真空の透磁率	1.2566×10^{-6} [H/m]
アボガドロ数	6.0221×10^{23} [1/mol]

【物性定数表】

	Ge	Si	InAs	InP	GaAs	GaP	GaN
エネルギーギャップ [eV]	0.67	1.12	0.36	1.35	1.43	2.26	3.39
遷移型	間接	間接	直接	直接	直接	間接	直接
比誘電率	16	12	12.5	12	13	8.5	9.5
電子の有効質量	0.55	0.40	0.027	0.07	0.08	0.12	0.2
正孔の有効質量	0.37	0.58	0.018	0.69	0.5	0.5	0.8

演習問題解答

第1章

[1] 周波数は $f = \dfrac{c}{\lambda} = \dfrac{3.00 \times 10^8}{514.5 \times 10^{-9}} = 5.83 \times 10^{14}\,[\text{Hz}]$,
波数は $k = \dfrac{2\pi}{\lambda} = \dfrac{2 \times 3.14}{514.5 \times 10^{-9}} = 1.22 \times 10^7\,[\text{m}^{-1}]$.

[2] $f = \dfrac{331}{0.10} = 3.3\,[\text{kHz}]$.

[3] 波の表式 $\Psi = A\cos(\omega t - kx)$ で位相項を一定とすると，$\omega t - kx = \phi$ と書ける．この式を時間で微分すると $\omega - k(dx/dt) = 0$ となり，これより速度は $v = dx/dt = \omega/k$ となる．

[4] 日本の携帯電話が用いている電波の周波数は $850\,[\text{MHz}]\sim 2\,[\text{GHz}]$ と非常に高く，回折されにくいので，建物の中やビルの陰などでは電波がつながりにくくなる．これを改善するために，多くのアンテナが設置されている．

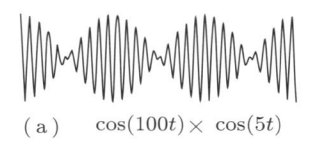

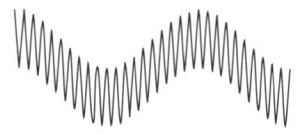

[5] 式 (1.15) より，$\theta \simeq \dfrac{0.3}{5} = 0.06\,[\text{rad}]$ となる．

[6] 表計算ソフトを用いて作図する．結果の一例は解図 1.1 のとおり．

(a)　$\cos(100t) \times \cos(5t)$

(b)　$\cos(100t) + \cos(5t)$

解図 1.1

第2章

[1] $\nabla \times (\nabla \times \boldsymbol{H}) = \nabla \times \left(\varepsilon \dfrac{\partial \boldsymbol{E}}{\partial t} + \sigma \boldsymbol{E}\right) = \varepsilon \dfrac{\partial}{\partial t}(\nabla \times \boldsymbol{E}) + \sigma(\nabla \times \boldsymbol{E})$

と変形できる．この式に $\nabla \times \boldsymbol{E} = -\dfrac{\partial \boldsymbol{B}}{\partial t} = -\mu \dfrac{\partial \boldsymbol{H}}{\partial t}$ を代入すると，

$$\nabla \times (\nabla \times \boldsymbol{H}) = \varepsilon \dfrac{\partial}{\partial t}\left(-\mu \dfrac{\partial \boldsymbol{H}}{\partial t}\right) + \sigma \left(-\mu \dfrac{\partial \boldsymbol{H}}{\partial t}\right) = -\mu\varepsilon \dfrac{\partial^2 \boldsymbol{H}}{\partial t^2} - \mu\sigma \dfrac{\partial \boldsymbol{H}}{\partial t}$$

となる．これにつぎのベクトル公式

$$\nabla \times (\nabla \times \boldsymbol{H}) = \nabla(\nabla \cdot \boldsymbol{H}) - \nabla^2 \boldsymbol{H}$$

を適用すると，$\nabla \cdot \boldsymbol{B} = \mu \nabla \cdot \boldsymbol{H} = 0$ であるので，次のようになる．

$$\nabla^2 \boldsymbol{H} = \mu\varepsilon \dfrac{\partial^2 \boldsymbol{H}}{\partial t^2} + \mu\sigma \dfrac{\partial \boldsymbol{H}}{\partial t}$$

[2] $c = \lambda\nu = 1/\sqrt{\mu_0\varepsilon_0}$ に μ_0 と ε_0 の値を代入すると,

$$c = \frac{1}{\sqrt{\dfrac{4\pi}{10^7} \times 8.854 \times 10^{-12}}} = 2.998 \times 10^8 \,[\text{m/s}]$$

となる.

[3] $\dfrac{d^2\Psi}{dx^2} = -\left(k^2 - j\omega\mu\sigma\right)\Psi$ の解は

$$\Psi = A^+ \exp(-\alpha x)\exp(-j\beta x) + A^- \exp(\alpha x)\exp(j\beta x)$$

である.この式をもとの方程式に代入する.

$$\begin{aligned}
\frac{d\Psi}{dx} &= A^+\left\{-\alpha\exp(-\alpha x)\exp(-j\beta x) - j\beta\exp(-\alpha x)\exp(-j\beta x)\right\} \\
&\quad + A^-\left\{\alpha\exp(\alpha x)\exp(j\beta x) + j\beta\exp(\alpha x)\exp(j\beta x)\right\} \\
&= A^+(-\alpha - j\beta)\left\{\exp(-\alpha x)\exp(-j\beta x)\right\} + A^-(\alpha + j\beta)\left\{\exp(\alpha x)\exp(j\beta x)\right\}
\end{aligned}$$

$$\begin{aligned}
\frac{d^2\Psi}{dx^2} &= A^+(-\alpha - j\beta)^2\left\{\exp(-\alpha x)\exp(-j\beta x)\right\} \\
&\quad + A^-(\alpha + j\beta)^2\left\{\exp(\alpha x)\exp(j\beta x)\right\} \\
&= (\alpha + j\beta)^2\left\{A^+\exp(-\alpha x)\exp(-j\beta x) + A^-\exp(\alpha x)\exp(j\beta x)\right\} \\
&= (\alpha + j\beta)^2\Psi \\
&= -\left(k^2 - j\omega\mu\sigma\right)\Psi
\end{aligned}$$

となる.したがって,

$$(\alpha + j\beta)^2 = \left(\alpha^2 - \beta^2\right) + j2\alpha\beta = -k^2 + j\omega\mu\sigma$$
$$\therefore\quad \alpha^2 - \beta^2 = -k^2, \qquad 2\alpha\beta = \omega\mu\sigma$$

これより,

$$\beta = -\frac{\omega\mu\sigma}{2\alpha}$$
$$\alpha^2 - \left(\frac{\omega\mu\sigma}{2\alpha}\right)^2 + k^2 = 0$$
$$\alpha^4 + k^2\alpha^2 - \frac{\omega^2\mu^2\sigma^2}{4} = 0$$
$$\therefore\quad \alpha^2 = \frac{-k^2 + \sqrt{k^4 + \omega^2\mu^2\sigma^2}}{2}$$

となって,この式のルートをとると式 (2.28) が得られる.また,式 (2.29) も同様に得

[4] マクスウェルの方程式 (2.8), (2.12) は

$$\nabla \times \boldsymbol{E} = -\frac{d\boldsymbol{B}}{dt} \quad \text{および} \quad \nabla \times \boldsymbol{H} = \boldsymbol{i} + \frac{d\boldsymbol{D}}{dt}$$

である．また，式 (2.16), (2.18) は

$$\nabla \cdot \boldsymbol{D} = \rho \quad \text{および} \quad \nabla \cdot \boldsymbol{B} = 0$$

である．いま，単磁極が存在すると，$\nabla \cdot \boldsymbol{B}$ は 0 にならず，

$$\nabla \cdot \boldsymbol{B} = \rho_m$$

となる．これに伴って，式 (2.8) も

$$\nabla \times \boldsymbol{E} = -\frac{d\boldsymbol{B}}{dt} + \boldsymbol{i}_m$$

となる．ここで，$\boldsymbol{i}_m$ は磁気に基づく変位電流である．

第3章

[1] スネルの法則 $n_1 \sin\theta_1 = n_2 \sin\theta_2$ より，

$$\theta_2 = \sin^{-1}\frac{1 \times \sin 13°}{1.5} = 8.6°$$

となる．

[2] $\phi = \phi_x - \phi_y$, $\dfrac{E_y}{A_y} = \cos(\omega t - kz - \phi_y)$ より，y に関する式は

$$\frac{E_y}{A_y} = \cos(\omega t - kz + \phi_x - \phi) = \cos(\omega t - kz + \phi_x)\cos\phi + \sin(\omega t - kz + \phi_x)\sin\phi$$

$$= \cos(\omega t - kz + \phi_x)\cos\phi + \sqrt{1 - \cos^2(\omega t - kz + \phi_x)}\sin\phi$$

となる．これに x に関する式を代入すると，

$$\frac{E_y}{A_y} = \frac{E_x}{A_x}\cos\phi + \sqrt{1 - \left(\frac{E_x}{A_x}\right)^2}\sin\phi$$

$$-\frac{E_x}{A_x}\cos\phi + \frac{E_y}{A_y} = \sqrt{1 - \left(\frac{E_x}{A_x}\right)^2}\sin\phi$$

$$\left(\frac{E_x}{A_x}\right)^2\cos^2\phi + \left(\frac{E_y}{A_y}\right)^2 - 2\left(\frac{E_x}{A_x}\right)\left(\frac{E_y}{A_y}\right)\cos\phi = \left\{1 - \left(\frac{E_x}{A_x}\right)^2\right\}\sin^2\phi$$

$$\left(\frac{E_x}{A_x}\right)^2 + \left(\frac{E_y}{A_y}\right)^2 - \frac{2E_xE_y}{A_xA_y}\cos\phi = \sin^2\phi$$

となる.

[3] 図 3.1(b) とは逆に，E_y を遅らせてやると左回りの楕円偏光になる（解図 3.1）.

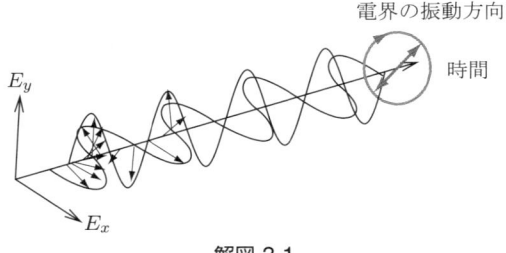

[4] 円偏光は一般に，

$$E_x = A\cos\omega t,$$
$$E_y = \pm A\sin\omega t$$

と書くことができる．ここで，± の符号は右回りと左回りを表している．

この式から，右回りと左回りの円偏光を重ね合わせると，

$$E_x = A\cos\omega t + A\cos\omega t = 2A\cos\omega t$$
$$E_y = A\sin\omega t - A\sin\omega t = 0$$

となって，x 方向にのみ電界が振動する直線偏光となる.

[5] 式 (3.11) より，$\theta_B = \tan^{-1}\left(\dfrac{n_2}{n_1}\right) = \tan^{-1}\left(\dfrac{1.3}{1}\right) = 52°$.

解図 3.1

第 4 章

[1] $NA = n_2 \cos\theta_c$ であり，$\theta_c = \sin^{-1}(n_3/n_2) = \sin^{-1}(1.1/1.2) = 66°$ となるため，

$$NA = n_2\cos\theta_c = 1.2 \times \cos(66°) = 1.2 \times 0.41 = 0.49$$

となる.

[2] 空気の屈折率を 1 とすると，

$$\theta_c = \sin^{-1}\left(\dfrac{1.0}{1.3}\right) = 5.0°$$

となる.

[3] 解図 4.1 に示すように，導波モードの次数が高いほど，導波層とクラッド層の界面への入射角が小さくなる．そのため，導波層の厚さが薄くなると，高次モード導波光から入射角が臨界角より小さく（カットオフ）なって導波できなくなる.

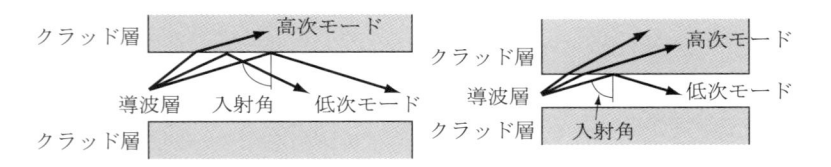

解図 4.1 導波モードと導波層厚

第 5 章

[1] $10^{-4} \times 380000000 = 38000$ [m] となり，直径約 38 [km] に広がる．

[2] $\dfrac{380000 \times 10^3}{3.00 \times 10^8} = 1.3\,[\text{sec}]$

となり，約 1.3 秒でレーザ光がもどってくる．

[3] 式 (5.1) より，

$$600 \times 10^{-9} = \frac{632.8 \times 10^{-9}}{2 \times \sin\theta}$$

$$\theta = \sin^{-1}\left(\frac{632.8 \times 10^{-9}}{2 \times 600 \times 10^{-9}}\right) = 31.8°$$

となり，レーザ光を 31.8° で干渉させればよい．

[4] $V = \dfrac{1.6 - 0.2}{1.6 + 0.2} = 0.8.$

第 6 章

[1] $\dfrac{N_2}{N_1} = \exp\left(-\dfrac{E_2 - E_1}{kT}\right) = \exp\left(-\dfrac{h\nu}{kT}\right) = \exp\left(-\dfrac{hc/\lambda}{kT}\right)$

より，

$$\frac{N_2}{N_1} = \exp\left\{-\frac{6.6 \times 10^{-34} \times 3 \times 10^8 / \left(700 \times 10^{-9}\right)}{1.38 \times 10^{-23} \times 300}\right\} = 2.13 \times 10^{-30}$$

となる．

[2] 入射した光のエネルギーが物質の電子を遷移させるのに必要なエネルギーと一致すれば，その光はエネルギーを電子に与えて消滅する．一致しない場合は，何も起こらずに光は透過する．

[3] 光吸収と誘導放出は同じ確率で生じるので，準位が二つの場合，光吸収によって上位の準位に電子が多くなると，上位の準位の電子の増加に伴って誘導放出も増加して上位の準位の電子数は一定以上にならない．その結果，上位の準位の電子数が下位の準位の電子数よりも多くなる反転分布状態は生じず，レーザとしても動作しない．

[4] $\dfrac{15 \times 10^{-2}}{632.8 \times 10^{-9}} = 2.4 \times 10^5$ 波長．

第 7 章

[1] ほとんどのガスレーザは，光の取り出し口にブルースター窓を用いている．ブルースター窓を無反射で通り抜けるのは P 偏光のみであるため，取り出すレーザ光は直線偏光に

なっている．

- [2] 医療でのレーザは，メスの代わりに皮膚を焼き切ったり，また，患部を焼いたりするような使われ方をすることが多い．メスの場合には，焼き切ると同時に出血を抑えるために，血液を凝固させる必要がある．また，患部を焼くためには，レーザ光のエネルギーが効率よく吸収される必要がある．これらのことから，医療用には，対象物である人体や血液に効率よく吸収される波長をもつレーザを選ぶ必要がある．
- [3] 人は白っぽいものよりも多少赤みを帯びているほうが，暖かみや柔らかみを感じる．蛍光灯と白熱電灯とを比べると，白熱電灯のほうが赤の領域の波長を多く含んでいるため，柔らかみを感じる．逆に，蛍光灯は青の領域の波長を多く含んでいるので，やや冷たい雰囲気になりがちである．

第8章

- [1] ドナー不純物を例に説明する．ドナー不純物は母体となる半導体よりも価電子を一つ余分にもっている．余分の電子以外の電子は，周りの母体となる半導体の原子との結合に関与しているが，余分の電子は，ドナー不純物とクーロン力で結ばれているだけである．

  クーロン力は誘電率に反比例するので，真空の誘電率の 10 倍程度である半導体中でのクーロン力は，真空中の 1/10 程度と弱く，わずかなエネルギーで引き離して自由に動かすことができる．その結果，わずかなエネルギーで電子を伝導帯に励起して，キャリアを作り出すことが可能となる．

  アクセプタの場合も同様に説明できる．

- [2] 間接遷移型半導体に入射する光のエネルギーを徐々に大きく（波長を短く）すると，最初に格子振動を伴った間接遷移による吸収が起こり始める．光のエネルギーが価電子帯の真上の伝導帯へ電子を励起できる大きさになると，直接遷移による光の吸収が急激に生じるようになる．その結果，解図 8.1 に示すような吸収曲線が得られる．

解図 8.1

- [3] $p = p_0 + \Delta p$ を

$$\frac{dp}{dt} = -\frac{p(t) - p_0}{\tau_\mathrm{p}}$$

に代入すると，p_0 は一定なので

$$\frac{d(p_0 + \Delta p)}{dt} = \frac{d(\Delta p)}{dt}$$

となる．これより，

$$\frac{d(\Delta p)}{dt} = -\frac{\Delta p}{\tau_\mathrm{p}}$$

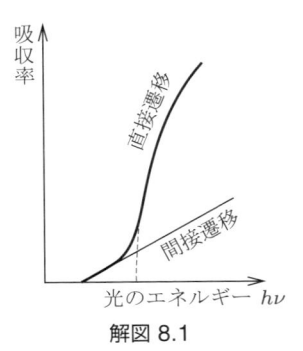

と書ける．これを変形すると，

$$\frac{d(\Delta p)}{\Delta p} = -\frac{1}{\tau_\mathrm{p}}dt$$

$$\ln(\Delta p) = -\frac{t}{\tau_p} + C_1$$

となる．これより，

$$\Delta p = \exp C_1 \exp\left(-\frac{t}{\tau_\mathrm{p}}\right) = C_2 \exp\left(-\frac{t}{\tau_\mathrm{p}}\right)$$

となる．C_2 は初期条件 $t=0$ での Δp の値であるので，式 (8.8) より，$C_2 = \Delta p = G_L\tau_\mathrm{p}$ となる．よって，

$$\Delta p = G_L\tau_\mathrm{p} \exp\left(-\frac{t}{\tau_\mathrm{p}}\right)$$

が得られる．

[4] 良好なヘテロ接合をつくるには，ヘテロ接合を構成する結晶が良質でなければならない．そのためには，まず良質の基板が入手できること，そして基板と成長層，ヘテロ接合をつくる成長層どうしの格子定数がほぼ一致していることが必須となる．

第 9 章

[1] 同じ半導体でも，アクセプタ不純物の準位はドナー不純物の準位よりも少しエネルギーギャップの中心に近いため，n 型の実効的なエネルギーギャップは p 型よりも少し大きくなっている．その分だけ光の吸収による損失が少なくなるので，光を n 側から取り出すことが多い．

[2] ドナーやアクセプタなどの不純物が入ると，実効的なエネルギーギャップの大きさが小さくなる．その結果，発光するエネルギーはエネルギーギャップの大きさよりも小さくなる．

[3] GaN 基板はサファイア基板とは異なり，導電性があるため，電極を裏面からとることができるので，上面から取る場合に必要な加工プロセスが不要になる．また，サファイア基板よりも熱伝導性がよく，熱的により大きな負荷に耐えられるため，同じ素子でもより高出力を出すことができると予想される．

第 10 章

[1] 半導体のエネルギーは気体などと異なり，帯になっている．帯の中には多くのエネルギー準位があり，半導体を励起すると，励起された電子は帯の中の適当なエネルギーに入る．

帯の中に入った励起された電子は，きわめて短い時間に帯の底に移動（バンド内緩和）する．同様に，価電子帯に残された正孔も，きわめて短い時間に価電子帯の頂上に移動する．その結果，伝導帯の底と価電子帯の頂上において反転分布が生じる．これらを考えると，半導体レーザは 4 準位レーザと考えることができる．

[2] 鏡の反射率は 100% ではない．そのため，わずかではあっても，鏡を透過する光が存在する．レーザではこの鏡を透過した光を出力光として利用している．通常は，出力側は光が透過しやすいように反射率を下げ，逆に，反対側は限りなく 100% に近づけるようにしてある．

[3] 式 (10.18) に 20°C で 25 [mA], 50°C で 45 [mA] を代入すると，

$$25 \times 10^{-3} = I_0 \exp\left(\frac{20 + 273}{T_0}\right)$$

$$45 \times 10^{-3} = I_0 \exp\left(\frac{50 + 273}{T_0}\right)$$

となる．第 1 式を第 2 式で割ると，

$$0.56 = \exp\left(\frac{293 - 323}{T_0}\right) = \exp\left(-\frac{30}{T_0}\right)$$

となり，これより

$$T_0 = -\frac{30}{\ln 0.56} = 52 \,[\text{K}]$$

となる．

[4] 量子井戸構造では，電子が 2 次元空間に閉じこめられる．その際の状態密度関数はエネルギーに無関係に一定となるので，解図 10.1 に示すように，それぞれの一定の状態密度がつぎつぎに重なって階段状の状態密度関数となる．

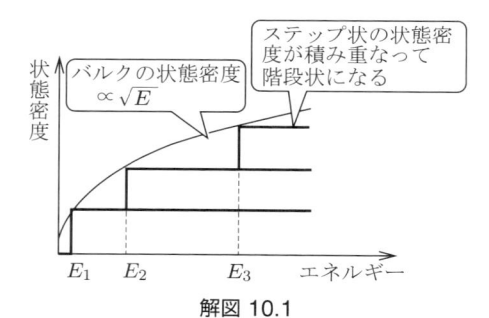

解図 10.1

[5] 式 (10.17) より，

$$\Delta\lambda \simeq \frac{\lambda^2}{2nL} = \frac{(780 \times 10^{-9})^2}{2 \times 3.6 \times 10 \times 10^{-6}} = 8.5 \times 10^{-9}$$

となり，8.5 [nm] となる．この値は通常の半導体レーザよりも大きく，面発光レーザが単一軸モード動作に向いていることがわかる．

[6] 式 (10.19) において $m = 1$ とすると，

$$\Lambda = \frac{\lambda m}{2n} = \frac{1.5 \times 10^{-6}}{2 \times 3.5} = 2.1 \times 10^{-7}$$

となり，0.21 [μm] の周期の回折格子をつくればよい．

第 11 章

[1] AlGaAs のエネルギーギャップの値から光子の振動数を求めると，

$$\nu = \frac{eV}{h} = \frac{1.602 \times 10^{-19} \times 1.50}{6.6 \times 10^{-34}} = 3.64 \times 10^{14} \,[\text{Hz}]$$

となる．波長に直すと，

$$\lambda = \frac{c}{\nu} = \frac{3.0 \times 10^8}{3.64 \times 10^{14}} = 8.24 \times 10^{-7} = 0.82\,[\mu\text{m}]$$

となる．

[2] 外部に向かってエネルギーを取り出すための力は，拡散電位から開放電圧 V_O を減じたものである．そのため，拡散電圧と開放電圧が同じになれば，外部にエネルギーを取り出せなくなる．

[3] 図 11.4 より，

$$V_M : V_0 = 15 : 18, \qquad I_M : I_L = 15 : 20$$

であるので，

$$FF = \frac{15 \times 15}{18 \times 20} = 0.63$$

となる．

[4] 1 秒間に 30 コマであるから，$1/30 = 0.033 = 33\,[\text{ms}]$ の間に 100 万画素を出力する必要がある．そのため，

$$\frac{33 \times 10^{-3}}{1000000} = 3.3 \times 10^{-8}\,[\text{s}]$$

よりも短い時間で転送する必要がある．これは，周波数で $30\,[\text{MHz}]$ 以上となる．

第 12 章

[1] 1 回転で 6 回の走査が可能であるから，1 回の走査時間 t は

$$t = \frac{1}{3600/60} \times \frac{1}{6} = 2.8 \times 10^{-3}$$

となり，約 $2.8\,[\text{ms}]$ となる．

[2] 式 (12.4) より，

$$\theta = \sin^{-1}\left(\frac{\lambda}{2\Lambda}\right) = \sin^{-1}\left\{\frac{650 \times 10^{-9}}{4200/(350 \times 10^6)}\right\} = 0.054\,[\text{rad}] = 3.1°$$

となり，約 $3°$ 偏向できる．

第13章

[1] 無機 EL は輝度が高くないことに加え，駆動電圧が 100～200 [V] と高く，駆動する半導体の電圧範囲と整合しなかった．また，交流で駆動する必要があったため，駆動回路が複雑になったことが一因である．

[2] 液晶デバイスは外部光源（バックライト）からの光をオン/オフする光シャッターなのに対して，有機 EL はそれ自身が発光しているので，視野角は圧倒的に広くなる．また，液晶デバイスに比べて構造が簡単で，液晶デバイスのように両面にガラス基板を必要とせず，薄くできるのも視野角を広げるのに寄与している．

[3] 一般に，通信で送信できる情報量は周波数に比例する．通信に用いる電波の周波数がせいぜい数十 GHz であるのに対して，可視光の周波数は 10^{14} [Hz] と，5 桁程度大きい．そのため，送信できる情報量も桁違いに大きくなる．

[4] 記録密度は 1 ビットの記録面積に反比例すると考えることができる．回折限界は波長に比例して小さくなるとすると，記録密度は

$$\frac{\dfrac{1}{\text{青色レーザのスポット面積}}}{\dfrac{1}{\text{赤外レーザのスポット面積}}} = \frac{\dfrac{1}{\pi (405 \times 10^{-9}/2)^2}}{\dfrac{1}{\pi (780 \times 10^{-9}/2)^2}} = \frac{780^2}{405^2} = 3.7$$

となり，約 3.7 倍の記録密度となる．

[5] 光がループを一周する時間 t は，ループの半径を r，ファイバの屈折率を n として

$$t = \frac{2\pi n r}{c}$$

と表せる．ここで，c は光速である．光ファイバのループが時計方向に角速度 ω で回転しているとき，時計回りの光と反時計回りの光がループを 1 周する時間 t_c と t_a はそれぞれ

$$t_c = \frac{2\pi n r}{c - n r \omega}$$

$$t_a = \frac{2\pi n r}{c + n r \omega}$$

となるので，二つの光がループを 1 周するのに要する時間の差 Δt は，

$$\Delta t = t_c - t_a = \frac{2\pi n r}{c - n r \omega} - \frac{2\pi n r}{c + n r \omega} = \frac{4\pi n^2 r^2 \omega}{c^2 - n^2 r^2 \omega^2} \approx \frac{4 A n^2 \omega}{c^2}$$

となる．ここで，A はループの面積である．

この時間差を光路差 ΔL に換算すると，

$$\Delta L = \frac{c}{n} \Delta t = \frac{4 A n \omega}{c}$$

となり，位相差に直すと，

$$\delta = \frac{\Delta L}{\lambda/2\pi} = \frac{8\pi An\omega}{\lambda c}$$

となる．

参考文献

[1] 西原 浩, 裏 升吾 共著,「光エレクトロニクス入門」コロナ社 (1997)
[2] 神保孝志 著,「光エレクトロニクス」オーム社 (1997)
[3] 上林利生, 貴堂靖昭 共著,「光エレクトロニクス」森北出版 (1992)
[4] 大越孝敬 著,「光エレクトロニクス」コロナ社 (1982)
[5] 伊藤閌雄 編著, 植月唯夫, 中村重之 共著,「これからスタート！ 光エレクトロニクス」電気書院 (2008)

索 引

●英数

1/2 波長板　106
1/4 波長板　106
3 準位レーザ　43
4 準位レーザ　43
Alq3　116
Ar イオンレーザ　50
BH レーザ　85
CCD　101
CD　119
CdS セル　95
CO_2 レーザ　51
CSP レーザ　85
DVD　120
He-Ne レーザ　49
ITO　116
LED 蛍光灯　117
LED 電球　117
MEMS　109
n 型半導体　59
pin フォトダイオード　99
p-n 接合　60
p 型半導体　60
P 偏光　25
S 偏光　25
TE 波　25
Ti サファイアレーザ　53, 55
TJS レーザ　85
TM 波　25
TS レーザ　85
VSIS レーザ　85
YAG　54
YAG レーザ　53
YLF　56

YLF レーザ　55

●あ行

アクセプター　60
アクセプター準位　60
アクセプター不純物　74
アナログ信号　112
アバランシェフォトダイオード　100
アレキサンドライト　56
アレキサンドライトレーザ　55
アンペアの周回積分の法則　16
イオン化エネルギー　64
位　相　2
位相速度　4
位相板　105
井戸層　88
イメージセンサー　122
インターライン型　101
ウォラストンプリズム　105
うなり　13
エキシマ　52
液晶セル　113
液晶ディスプレイ　113
液層成長　72
エネルギーギャップ　58
エネルギー帯　58
エレクトロルミネッセンス　115
遠視野像　86
円柱形レンズ　87
円偏光　25
オイラーの公式　20
帯　82

オーミック性　78
オルソフェライト　122

●か行

開口数　29
回　折　9
回折角　9
回折限界　36
回折格子　39
回転多面鏡　109
外部鏡型　49
外部微分量子効率　82
開放電圧　97
ガウスの発散定理　18
ガウス分布　36
可干渉性　37
拡散電位　60
角周波数　2
カー効果　108
化合物半導体　78
可視度　38
ガスレーザ　48
画　素　101
カットオフ　32
価電子帯　58
ガラスレーザ　55
感光ドラム　124
干　渉　10
干渉縞　10
間接遷移型　64
輝　度　69
ギブスの現象　6
基本波　13
基本モード　32
逆方向バイアス　61
キャビティ　45
キャビティ長　45

142　索　引

キャリア　59
キャリアの注入　64
吸収スペクトル　41
球面波　7
キュリー温度　121
曲線因子　97
近視野像　86
禁制帯　58
金属蒸気レーザ　52
空間的コヒーレンス　38
空乏層　61
グース・ヘンシェンシフト　9
屈曲振動モード　51
屈　折　8
屈折角　8
屈折率　7
クラッド層　28
グレーデッドインデックスファイバ　33
グロープラズマ　52
クーロン力　114
群速度　5
蛍光体　75
欠　陥　91
検光子　104
減衰定数　21
光学異方性　105
光　源　7
格子振動　63
格子定数　70
高次モード　32
高水準の注入　64
高調波　13
光電効果　94
光導電セル　95
固体レーザ　53
混　晶　70

●さ行

再結合　63
最大値　2
撮像素子　101

サニャック効果　126
サファイア　75
三角波　5
ジアミン誘導体　116
紫外線　36
磁界に対するガウスの法則　16
時間的コヒーレンス　38
閾　値　80
閾値電流　80
磁気カー効果　121
磁気単極子　17
磁気バブルドメイン　122
磁　区　123
軸モード　46
磁性ガーネット　122
自然光　25
自然放出　62
実効屈折率　47
時定数　66
ジャイロスコープ　126
周　期　3
周波数　3
寿　命　62
順方向　70
順方向バイアス　61
少数キャリアの拡散　67
少数キャリアの拡散長　68
少数キャリアの連続の式　67
状態密度関数　89
ショット雑音　101
進行波　12
真性半導体　59
振動数　3
振動モード　51
水　波　4
ストークスの定理　17
スネルの法則　8
スペックル　38
スペックルパターン　38
スラブ導波路　28

正　孔　59
整流作用　61
絶縁体　58
遷　移　41
全反射　8
走　査　109
ゾンマーフェルトの金属モデル　89

●た行

対称伸縮モード　51
太陽電池　97
楕円偏光　23
多重量子井戸　90
多層膜反射鏡　90
縦モード　46
ダブルヘテロ接合　69
多モードファイバ　32
単一モードファイバ　32
単一量子井戸　90
弾性変形　91
短絡電流　97
直接遷移型　63
直接変調　107
直線偏光　23
定在波　13
低次モード　32
低水準の注入　64
デジタル信号　112
電界に対するガウスの法則　16
電気光学効果　107
電極ストライプ型　78
電磁波　19
伝導帯　58
伝搬定数　21
導光板　118
動作点　97
導　体　60
導波層　28
導波モード　30
導波路型電気光学変調器　108

索　引

透明電極　114
特性温度　87
トーションバー　110
トナー　124
ドナー　59
ドナー準位　59
ドナー不純物　74

●な行

内蔵電位　60
内部鏡型　49
波　2
ニコルプリズム　105
二重体　52
入射角　8

●は行

白色レーザ　53
薄膜トランジスタ　114
バーコード　122
バーコードリーダ　122
箱の中の粒子　89
波　数　2
波　長　4
波長分散　36
バックライト　113
発光スペクトル　35
発光ダイオード　62
発　散　18
波動方程式　20
バリア層　88
パルスコード変調　112
パワー利得係数　45
反射波　12
搬送波　112
反転分布　41
半透鏡　121, 125
半導体　58
半導体ステム　72
半導体レーザ　56
光　2
光アイソレータ　106
光位置検出素子　124

光起電力効果　96
光吸収　62
光コンピュータ　30
光コンピューティング　30
光磁気ディスク　121
光シャッター　113
光スキャナ　122
光通信　112
光導波路　28
光ファイバ　28
光ファイバジャイロスコープ　126
光変調器　107
光リソグラフィー　36
非球面レンズ　87
歪超格子　91
非対称振動モード　51
左回り楕円偏光　25
表面弾性波　107, 110
ファブリ-ペロ型共振器　45
ファラデー回転　123
ファラデー効果　123
ファラデーの法則　15
フォトダイオード　98
フォノン　63
負温度の状態　41
負荷直線　97
復　調　112
節　12
不純物半導体　59
プランク定数　40
ブルースター角　26
ブルースター窓　49
フルフレーム・トランスファー型　102
ブルームライン回路　52
ブルーレイディスク　120
分　極　114
分光器　39
分子線エピタキシー　74
分子レーザ　51

分布帰還型　91
分布反射型　91
平面波　7
劈　開　77
ヘテロ　69
ヘテロ接合　69
ヘルツの実験　21
変位電流　18
偏　光　23
偏光サングラス　26
偏光子　104
偏光板　104
偏光プリズム　105
偏析係数　74
変　調　112
方形波　5
ポッケルス効果　108
ホモ　68
ホモ接合ダイオード　68
ポリビニルアルコール　104
ボルツマン分布　40
ホロー陰極　53
ポンピング　42

●ま行

マイケルソン干渉計　125
マクスウェルの電磁界方程式　19
マクスウェルの方程式　19
右回り楕円偏光　25
無機EL　115
無偏光　25
メーザ　50
面光源　118
面発光レーザ　90
モアレ縞　12
モード競合　86
モード分散　33
モードホッピング　88
もどり光　88

●や行

有機 EL　115
有機金属気相成長法　74
有機発光ダイオード　115
誘導放出　41
陽光柱プラズマ　52
横モード　84

●ら行

ランダム偏光　25
離散化　88
リードフレーム　72
硫化カドミウム　95
量子井戸　88
両性不純物　72
臨界角　8

ルビーレーザ　53
励起　41, 58
レーザビームプリンタ　124
レーザプリンタ　124
レート方程式　79
露光　124
ロックイン増幅器　85

著　者　略　歴

藤本　晶（ふじもと・あきら）

1972 年	奈良工業高等専門学校電気工学科卒業
	立石電機株式会社（現 オムロン株式会社）入社
	発光ダイオードおよび半導体レーザの研究に従事
1978 年	通産省工業技術院電子技術総合研究所研究員（〜1979 年）
1990 年	工学博士（大阪大学，半導体レーザの研究）
1991 年	和歌山工業高等専門学校電気工学科助手
1992 年	和歌山工業高等専門学校電気工学科助教授
1995 年	コーネル大学客員研究員（〜1996 年）
1998 年	和歌山工業高等専門学校電気工学科教授
2004 年	和歌山工業高等専門学校電気情報工学科教授
2015 年	沼津工業高等専門学校校長
現　在	沼津工業高等専門学校名誉教授

著書「基礎電子工学」森北出版

編集担当　藤原祐介(森北出版)
編集責任　富井　晃(森北出版)
組　　版　ウルス
印　　刷　ワコープラネット
製　　本　協栄製本

基礎 光エレクトロニクス　　　　　　© 藤本 晶　2013

2013 年 10 月 1 日　第 1 版第 1 刷発行　【本書の無断転載を禁ず】
2023 年 8 月 30 日　第 1 版第 4 刷発行

著　　者　藤本　晶
発 行 者　森北博巳
発 行 所　森北出版株式会社
　　　　　東京都千代田区富士見 1-4-11（〒102-0071）
　　　　　電話 03-3265-8341 ／ FAX 03-3264-8709
　　　　　https://www.morikita.co.jp/
　　　　　日本書籍出版協会・自然科学書協会　会員
　　　　　JCOPY <（一社）出版者著作権管理機構　委託出版物>

落丁・乱丁本はお取替えいたします．

Printed in Japan／ISBN978-4-627-74361-8

MEMO

MEMO

MEMO

MEMO